给大忙人读的哲理书

孙郡锴 / 编著

一部让你忙里偷闲的思想启迪书

中国华侨出版社

图书在版编目（CIP）数据

给大忙人读的哲理书/孙郡锴编著. —北京：中国华侨出版社，2009.10
ISBN 978-7-5113-0084-3

Ⅰ. 给… Ⅱ. 孙… Ⅲ. 人生哲学—通俗读物 Ⅳ. B821-49

中国版本图书馆 CIP 数据核字（2009）第 163237 号

● 给大忙人读的哲理书

| 编　　著/孙郡锴 |
| 责任编辑/文　蕾 |
| 责任校对/钱志刚 |
| 经　　销/新华书店 |
| 开　　本/710×1000 毫米　1/16　印张 15　字数 200 千字 |
| 印　　数/5001-10000 |
| 印　　刷/北京一鑫印务有限责任公司 |
| 版　　次/2013 年 5 月第 2 版　2018 年 3 月第 2 次印刷 |
| 书　　号/ISBN 978-7-5113-0084-3 |
| 定　　价/29.80 元 |

中国华侨出版社　北京市朝阳区静安里 26 号通成达大厦 3 层　邮编 100028
法律顾问：陈鹰律师事务所
编辑部：(010) 64443056　64443979
发行部：(010) 64443051　传真：64439708
网　址：www.oveaschin.com
e-mail：oveaschin@sina.com

前 言

现代社会是一个高速发展的社会，随着竞争的进一步加剧，各行各业的很多人都处于紧张忙碌的生活节奏中，白领阶层更是如此。忙无异是勤奋的表现，是获得成果的前提。但任何事都具有两方面的特性，唯乎适度，方为恰到好处，才能发挥出更好的效应。现实中不少人认为忙才是唯一，忙的生活才是有价值的生活；忙才能获得价值感和认同感；以至于忙成为很多人引以为荣耀的生活态度，这其实是走入了认识误区。

每个人想要获得成功，都需要付出一定的努力，需要运用好自己的时间，不虚度时光，但这不代表每天都应该忙得天昏地暗，成为工作机器，忙得忽略了家庭、亲情、爱，忙得没有娱乐、丢掉了生活乐趣。处于如此状态，使自己没有了思考的空间，就只会让自己的人生沦为工具化。而且一味地只知道忙却不注意方向、方法的大忙人反而会离成功越来越远。在为梦想奋斗之时，注意关注良好的品性培养，树立适宜的志

向，拥有坚定的信念，做到处世灵活、机智等等都可能帮助你更快走向成功。

　　心理学家研究证明，短短几分钟的散步、冥想、听音乐，足以让人心情舒畅，甚至达到超越自我的精神境界。高速行驶，随时都有生命危险；必要的时候，放慢脚步却可使人生更加冷静。忙虽说是成功的必要条件，但若超出身心的重负，必将会累垮自己，那么，再美妙的蓝图也难以企及，再美丽的憧憬也难构建。生活匆匆的大忙人们，当你感到身心疲惫，压力重重，似乎有点儿透不过气时，不妨停下来，缓一缓匆匆的脚步，松一松紧绷的心弦，去聆听一下自然，去沐浴一下阳光，看看路上的风景，品一杯香茗，感受人生的美妙。

目 录

第一章　劳逸结合，有张有弛

想要取得一定的成就，必然要付出汗水，但努力绝不等于忙碌。努力是在工作的时间把想做的事情做好，而忙碌则是无论何时何地都不放松。努力是走向成功的正常状态，忙碌则走入歧途，忘记了一张一弛、文武之道。

工作要进得去出得来 ………………………………………… /2/
会休息才能高效工作 ………………………………………… /3/
忙与闲要有机结合 …………………………………………… /4/
适时休息，降低疲劳 ………………………………………… /5/
别让疲劳吞噬了自己 ………………………………………… /6/
让灵魂追得上人生的脚步 …………………………………… /8/
压力也要拿得起放得下 ……………………………………… /9/
弄清楚你到底在忙什么 ……………………………………… /9/

不该忙的就不要忙 ·· /11/
放弃不必要的负担 ·· /12/
一定要在欲望与现实之间找到平衡点 ························· /12/

第二章 慢步的人生更有风味

　　早上为了赶上公车行色匆匆,中午饭时间短暂吃得狼吞虎咽,下午工作没完成继续加班、废寝忘食,每个人都在忙忙碌碌,忙前途,忙事业,忙钱忙权忙生存。忙得不闻松涛鸟语;忙得不见月明星稀;忙得没时间关爱家庭;忙得忘了倾听自己内心的声音,最终忙得迷失了自己。殊不知,人生是一趟单程列车,无论长远,终有一个终点,走过了,就不能再回头。当你跑得太快时,风景都错过,美丽都错过,到达终点时,你心中还会留下什么?慢一点吧!这样的人生才更有味!

慢下脚步会有更丰富的人生 ······································ /16/
匆匆的抉择常会让你与目标背道而驰 ························ /17/
急于求成只会揠苗助长 ·· /18/
从容的步伐才是正确的速度 ······································ /19/
别等到失去了才想到珍惜 ··· /20/
不要错过沿途的风景 ··· /21/
放松心情,品尝人生滋味 ·· /23/
主动松绑,做个悠客享受生活 ···································· /25/

第三章 再忙也要留点时间给爱

友情、亲情、爱情是情感世界永恒不变的三大主题。然而随着如今日趋激烈的竞争,人们却越来越忽视感情。人生最重要的事莫过于事业与感情,如果你想幸福,就不要忽略了感情。大忙人们在忙工作、忙事业、忙交际之时,千万留出点时间,陪陪父母、孩子、爱人。只有家庭幸福,努力事业才有乐趣,否则赢了财富,丢了幸福,只剩繁忙的人生多苦。

工作不是生活的全部 …………………………………… /28/
输了自己,赢了世界又如何 …………………………… /28/
金钱永远代替不了亲情 ………………………………… /29/
不要用金钱来衡量真爱 ………………………………… /31/
只有时间才能真正认识爱 ……………………………… /32/
为爱心感恩 ……………………………………………… /33/
感恩父母 ………………………………………………… /34/
经营好自己的婚姻 ……………………………………… /35/
学会低头,生活就会和谐 ……………………………… /37/
爱情不一定轰轰烈烈 …………………………………… /38/
拥有的就是最珍贵的 …………………………………… /40/
把痛苦关在门外 ………………………………………… /42/
家的感觉来自于家人所给予的爱 ……………………… /44/
执子之手,不离不弃 …………………………………… /45/
爱也需要独立空间 ……………………………………… /45/
爱的力量不可估量 ……………………………………… /47/

第四章 梦想指引方向，忙也要看清目标

梦想是人生的方向，是一个人前进道路上的指明灯。不少大忙人只知忙碌却不注意方向，结果做了不少无用功。只有拥有梦想，具备强烈的进取心，找到明确的奋斗方向，合理分解完成目标，才更容易抓住机会，成就才会更大，也才能做到逐渐掌控自我命运。

抽出空来看看路，让忙碌更有效……………………/50/
一生具有明确的奋斗目标才能取得卓越的成就………/50/
一个没有进取心的人永远不会得到成功的机会…………/52/
寻找前进的动力………………………………………/53/
梦想引导人生…………………………………………/55/
目标要有可行性………………………………………/56/
不能制定过分细致、周密的计划………………………/57/
分解目标，轻便走向成功路……………………………/59/
了解自己到底想要干什么………………………………/60/
坚持梦想就会成功……………………………………/61/
穷，也要站在富人堆里…………………………………/62/
理想远大你就不再卑微…………………………………/64/
别让现实磨平了理想……………………………………/67/
雄鹰就要展翅飞翔………………………………………/69/
自己命运自己做主………………………………………/70/
全力以赴地挑战命运……………………………………/72/
别让生活将你击倒………………………………………/75/

第五章 打好品行基础,忙人更易成功

品德是心灵之根本,是良知之基础,使你明白事理,判断是非,为善去恶;也是别人对你的一个衡量标准,好的人品不仅让你可以得到周围人善意的对待,还能让你在做事的时候事半功倍。自尊自爱、公正、慷慨、宽容等品德,在我们面临人生重要抉择之时便成为决定成功与否的首要因素,打好品行基础,忙人更易成功。

在任何情况下都要维护人格的尊严 ……………… /78/
帮助别人解脱 …………………………………… /79/
责怪他人之前先弄清真相 ………………………… /80/
最好的消息 ………………………………………… /81/
应有的品质和高尚的品质 ………………………… /82/
超越成败得失是一种更大意义上的成功 ………… /84/
帮助他人,你也受益 ……………………………… /85/
与人方便,与己方便 ……………………………… /86/
帮助队友,你的成就更伟大 ……………………… /87/
感谢你的对手 ……………………………………… /88/
宽容别人对自己的恶意伤害 ……………………… /89/
不要忘了自己的身份 ……………………………… /90/
善于从自己身上找原因 …………………………… /92/

第六章　信念是忙人克服困难的助力

人生的道路有时宽有时窄,有时平坦有时坎坷,有时风景迷人有时景色全无。但是我们能否坚持这样一个信念:道路好时按照自己的信念向前走,道路不好时也依旧信念坚定!成功最重要的因素是信念,唯有信念才能指引人在困境中前行;唯有信念才可以使人不停地坚持自己的原则,始终不渝地坚持自己的目标;唯有信念才能使人在失败后一次又一次地从头再来。

信念是生命的动力 ……………………………………… /94/
信念是理想的翅膀 ……………………………………… /95/
再试一次 ………………………………………………… /96/
多坚持一秒钟 …………………………………………… /98/
走向成功的捷径 ………………………………………… /99/
挫折是你成功前的演习 ………………………………… /101/
黑暗中更易看到光明 …………………………………… /102/
等待事物自身的转变 …………………………………… /103/
这不是我所遇到的最棘手的问题 ……………………… /104/
在时运不济时也永不绝望 ……………………………… /108/
歌声指引生命之路 ……………………………………… /109/
不管路途多么崎岖都要努力向前迈进 ………………… /110/
从咖啡馆跑堂到奥运会冠军 …………………………… /111/
残疾人也能做出一个健康人的成就 …………………… /114/
笨孩子也能走向成功 …………………………………… /115/

意志力是一个人性格特征中的核心力量…………………… /117/

第七章　勇于挑战，胆气让忙人敢于展翅

很多人渴望成功，却又惧怕挑战，在机遇面前犹犹豫豫，结果错失良机，后悔莫及。志向远大的人不妨胆子大一些，因为只有敢想敢做才能成功。多尝试，多争第一，有胆量、野心和欲望，成功蕴于其中。不要害怕，也不要顾虑，即使我们输得再惨，我们也还可以重新站起来。失败的人不可耻，反而是那些不敢于尝试的人，才是生活的懦者。

机遇属于有勇气的人………………………………………… /120/
勇敢地把"不"说出来 ……………………………………… /122/
不迷信权威………………………………………………… /123/
生活需要勇气……………………………………………… /123/
表面的"勇气"不等于真的勇气 …………………………… /125/
为美丽而战的勇气更美丽………………………………… /126/
丢掉你的顾虑……………………………………………… /128/
告诉自己我可以…………………………………………… /129/
敢异想则天开……………………………………………… /131/
别丢掉进取心……………………………………………… /132/
永远都要坐第一排………………………………………… /134/
真正的荣耀只能依靠自己………………………………… /135/
大不了回到从前…………………………………………… /137/

第八章　不要一心只忙工作，人情练达方成功

曹雪芹有言："世事洞明皆学问，人情练达即文章。"著书立说离不开世事人情，想要在人生路上取得成就更要有一颗聪明处世的琉璃心。人与人之间利益不同、观念不同、处世方式不同，难免会有争执存在，如果一心只忙工作却不注意人情世故，难免会让自己的人生路走得坎坷颠簸，一旦对手道德低下，更是难免受其"含沙射影"。而如果能够洞悉世事、练达人情，不仅方便躲避成功道路上的致命陷阱，更易于找到攀登胜利之峰的捷径。

只埋头工作不行，还要经营好你的人际关系 …………… /140/
将生意让给对手 ………………………………………… /141/
学会分享而不是"吃独食" ……………………………… /142/
最伟大推销员的销售秘密 ……………………………… /143/
微笑能改变你的生活 …………………………………… /144/
长途车上也能发展友谊 ………………………………… /145/
率先行动，赢得和谐的人际关系 ……………………… /146/
想在交往时受人欢迎就要学会倾听 …………………… /148/
给对方一个痛哭的机会 ………………………………… /149/
摒弃自私狭隘的恶习 …………………………………… /150/
在了解真相之前莫冲动 ………………………………… /151/
不带着怒气做任何事 …………………………………… /152/
把逆境转化为自己能够忍受的东西 …………………… /153/
从失败中学到教训 ……………………………………… /154/

第九章　灵活处世不呆板，忙得有效率

世界上辛苦努力的人千千万，可是能够出人头地的却只有小小的一部分。只会盲目苦干，不懂得筹划谋算的人，只有重复没有前途。只有勤于运用自己的智慧，多思多想，做事不死脑筋，不把自己界定死了，懂得另辟蹊径，出奇制胜，才能使你忙得更有效率，更容易走向成功，创造奇迹。

人生管理的奥秘……………………………………………/156/
别为自己界定束缚……………………………………………/157/
不要在心里为自己能够跳跃的高度设限……………………/158/
永远不要奢求十全十美……………………………………/159/
避免"羚羊的思维"…………………………………………/161/
用小步稳妥地向成功靠近更容易……………………………/162/
不要为了出风头而行动………………………………………/163/
先降低一下标准………………………………………………/164/
不要让目标虚无飘渺无法实现………………………………/165/
抱残守缺不如果断放弃………………………………………/166/
不因执念而烦恼………………………………………………/169/
找出问题的关键所在…………………………………………/170/
灵活的思维让努力事半功倍…………………………………/171/

第十章　热情投入工作，忙得有乐趣

工作不仅是为了满足生存的需要，同时也是实现个人人生价值的需要，人可以通过工作来学习，可以通过工作来获取经验、知识和信心。你对工作投入的热情越多，决心越大，工作效率就越高。当你抱有这样的热情时，上班就不再是一件苦差事，忙也忙得有乐趣。

尽量从工作中寻找乐趣 …………………………………… /174/
不要做一天和尚撞一天钟，工作需要积极主动 ………… /175/
不要因为枯燥而失去乐趣 ………………………………… /176/
不要只是简单重复工作，要大胆革新 …………………… /177/
把卖鱼当成一种艺术 ……………………………………… /178/
工作就是娱乐 ……………………………………………… /179/
热忱的态度是做任何事的必需条件 ……………………… /181/
该选哪一把钥匙 …………………………………………… /182/
迅速地做出决定 …………………………………………… /184/
把行动和空想结合起来 …………………………………… /185/
对自己狠一点 ……………………………………………… /188/
老钟表匠的启示 …………………………………………… /190/
百发百中的秘密 …………………………………………… /191/

第十一章　心态决定人生未来，忙人都有好心态

　　心态决定人生未来，以积极的心态面对人生，使你充满自信；积极的心态可以使你赢得幸福；积极的心态助你吸引财富；积极心态让你知足常乐；积极的心态使你激励自己，理智消除心理障碍，勇敢面对人生的挫折，最终走出人生困境。微笑面对痛苦，坦然面对不幸，以积极的心态立即行动，你会获得充实向上的人生。

幸好还不是最糟糕……………………………………… /194/
你怎样看待生活，生活就会怎样回报你 ……………… /195/
不同的态度造就不同的未来…………………………… /196/
充沛的活力取决于你的思想…………………………… /198/
失去现有的会得到更好的……………………………… /199/
平常心面对不幸………………………………………… /200/
让心灵永葆青春………………………………………… /201/
微笑着面对生活………………………………………… /202/
不失去希望就有作为…………………………………… /203/
心病比生理上的疾病危害更大………………………… /204/
把缺点转化成发展自己的机会………………………… /205/

第十二章　人生就是要活得快乐

　　为了衣食住行忙碌，为了赚钱忙碌，为了未来忙碌，为了孩子忙碌，一

生忙忙碌碌求的是一个怎样结果？归根结底，人生就要活得开心快乐。想要快乐就不要自寻烦恼，懂得适可而止，明白幸福由自己决定，从而简单生活，寻得快乐。

幸福并不复杂……………………………………/208/
找到自己满意的生活……………………………/209/
寻找快乐的财富…………………………………/210/
没有时间生气……………………………………/212/
不要自寻烦恼……………………………………/213/
快乐是很容易获得的……………………………/215/
适可而止莫贪图…………………………………/216/
知足是寻求快乐的法宝…………………………/217/
快乐是内心的富足………………………………/218/
幸福由自己决定…………………………………/219/
人生如吃饭………………………………………/221/
为自己而活………………………………………/222/

第一章
劳逸结合，有张有弛

想要取得一定的成就，必然要付出汗水，但努力绝不等于忙碌。努力是在工作的时间把想做的事情做好，而忙碌则是无论何时何地都不放松。努力是走向成功的正常状态，忙碌则走入歧途，忘记了一张一弛、文武之道。

工作要进得去出得来

当走进社会，从第一天工作开始，麦斯礼心里只有一个目标——希望自己在30岁的时候能挣得一个好的位置。由于急于表现，他几乎是拼了命工作。别人要求100分，他非要做到120分不可，总是要超过别人的预期。

29岁那年，麦斯礼果真坐到主管的位置，比他预期的时间还提早了一年。不过，他并没有因此而放慢脚步，反而认为是冲向另一个阶段的开始，工作态度变得更"疯狂"了。那段时间，麦斯礼整个心思完全放在工作上，不论吃饭、走路、睡觉几乎都在想工作，其他的事一概不过问。对他而言，下班回家，只不过是转换另一个工作场所而已。

拼命工作的结果不仅使他与家庭产生了距离，更是因要求严格与员工形成对立的局面。而他自己，其实过得也并不舒服，常常感觉处在心力交瘁的状态。

当时，麦斯礼不认为自己有错，觉得自己做得理所当然，反而责怪别人不知体谅，不肯全力配合。不过，慢慢地他也发现，纵然自己尽了全力，为什么却老是追不到自己想要的？35岁以后，他才开始领悟，过去的态度有很大的错误，处处以工作成就为第一，没有想到工作只是人生的一部分，而不是全部。麦斯礼不否认"人应该努力工作"。但是，在追求个人成就的同时，不应该舍弃均衡的生活，否则，就称不上"完整"的人生。

重新调整之后，麦斯礼发现自己更喜欢现在的自己，爱家、爱小孩，还有自己热衷的嗜好。他没想到这些过去不屑、认为浪费时间的事，现在却让他得到非常大的满足。对于工作，他还是很努力，但是开始注意劳逸结合，不再拼命地加班加点。

在这个以工作为导向的社会里，出现了无数对工作狂热的人。他们没日没夜地工作，整日把自己压缩在高度的紧张状态中。每天只要张开眼睛，就有一大堆工作等着他。但是这样的生活毫无乐趣，如果你是这样的人，一定要跟麦斯礼学一学。

会休息才能高效工作

许多上班族被工作逼得加班不停、无法休假，而世界顶级企业家、政治家却强调：一定要挪出时间休息，做点有趣的事，这样才能高效工作。

虽然是在高竞争压力的汽车业工作，日本日产汽车CEO戈恩却从不把工作带回家。回家就是休息充电，跟孩子们玩耍，周末也不例外。而且他发现，藉此可以跟工作上面临的问题有一点距离，星期一回去上班后，反而把问题看得更清楚，更能迎刃而解。Google的副总裁梅尔每周五都是6点就下班，然后到旧金山玩耍，每4个月更要大休一次。星巴克咖啡的总裁舒尔茨每7个星期就旅行一趟，尽情吸收不同世界的精华。

万科集团董事长王石一会儿去爬山，一会儿去探险，乐在其中，让人羡慕。作为一个董事长他肯定忙，也许有些人认为这是不务正业，其实，这种休息方式才是他高效率工作的保证。

第二次世界大战期间，70岁高龄的英国首相丘吉尔，日理万机，需要夜以继日地工作，但他工作起来却总是精力充沛，令人惊奇。原来他很会安排自己的休息，每天中午都上床睡1小时，即使乘车，他也抓紧时间闭目养神、打盹儿。正是这种主动休息的良好习惯，使他能够不觉疲惫地处理国家事务,取得了令世人瞩目的成绩。

泰戈尔说过:"休息与工作的关系,正如眼睑与眼睛的关系。"这个比喻太贴切了,眼睛睁久了,就得闭上一会,养养神;工作久了,就应该休息一下,这样才能提高工作效率,将工作做得更好。生理学家就曾做过这样一个试验验证了这一观点:

让一组身强力壮的青年搬运工人往货轮上装铁锭,小伙子们连续干了4个小时,结果勉强装了12.5吨的货物,这时候大家都累弯了腰,个个精疲力竭。可是,一天后,让这些小伙子每干26分钟就主动歇息4分钟,同样花4小时,却装了47吨的铁锭且不觉得很累,工作效率明显提高。

事业上的成功不是一朝一夕的事,时常加班加点的工作虽然能一时提高成绩,但是如此过度劳累反而会使人身心受损。如果能够合理地安排好自己的生活,确保工作和生活张弛有度,反而能够精力充沛、高效工作。工作越是忙碌,越是应该学会见缝插针地"偷懒",以便有足够的体能和极佳的精神状态从容应付摆在面前的大小事务。

忙与闲要有机结合

忙的时候,就应该专心忙,认真工作,讲究效率。如果忙的时候,老是想着闲的乐趣,是忙不出什么效果来的。

星巴克咖啡在全球每5个小时就开一家分店,总裁舒尔茨用全球时区来做时间管理区隔。清早与上午,他专注欧洲的事务;接下来的时间留给美国业务;晚上就和亚洲通讯。

日产汽车CEO戈恩则每个月都要飞日本与法国一次。他把这些时间固定,每个月的第一周在巴黎、第三周在日本。因为时间有限,他规定每个会议都不能超过一个半小时，一半时间报告、一半时间讨论。

闲的时候，就应该专心闲，如逛街、郊游、听音乐等等。如果闲的时候，老是惦着没忙完的事，是闲不出什么乐趣来的。

美国著名企业家李·艾科卡，被美国人推崇为"企业界的民族英雄"，照常理，他应该是个大忙人，但他善于处理忙与闲的经验之谈，是值得我们借鉴的。他说："只要能够专心致志，善于利用时间，做生意就一定能够成功——其实做任何事都一定能够成功。但是，你必须懂得什么时候该忙，什么时候该闲。自上大学以来，我每周一直在平日努力搞功课，设法空出周末，陪伴家人，或者娱乐一下。除非是紧张关头，我永远不会在星期五晚上、星期六或星期天工作。每星期天晚上我都集中精力计划下一周要做些什么。这基本上是我在利海大学养成的习惯。"

忙与闲应该有机结合。在人生之路上踏着和谐的生活节奏前进，才有利于工作和身心健康。如果顾此失彼，本末倒置，不仅会影响工作效率，也会影响生活质量。

适时休息，降低疲劳

美国陆军曾经进行过好几次实验，证明即使是年轻人——经过多年军事训练而很坚强的年轻人——如果不带背包，每一小时休息十分钟，他们行军的速度就加快，也更持久，所以指挥官强迫他们这样做。

一个人的心脏每天压出来流过全身的血液，足够装满一节火车上装油的车厢；每24小时所供应出来的能力，也足够用铲子把20吨的煤铲上一个三英尺高的平台所需的能量。你的心脏能完成这么多令人难以相信的工作量，而且持续50、70年甚至可能更长时间。如此大运动量，人的心脏怎么能够承受得了呢？哈佛医院的沃尔特·加农博士解释说："绝大多数人都认为，人的心脏整天不停地在跳动着。事实上，在每一次收缩之后，它都有完全静止的一段时间。当心脏按正常速度每分钟跳动70次的时候，一天24小时里实际的工作时间只有九小时，也就是说，心脏每天休息了整整15小时。"

在一本名叫《为什么要疲倦》的书里，作者丹尼尔说："休息并不是绝对什么事都不做，休息就是修补。"在短短的一点休息时间里，就能有很强的修补能力，即使只打五分钟的瞌睡，也有助于防止疲劳。棒球名将康尼·麦克说过，每次出赛之前如果他不睡一个午觉的话，到第五局就会觉得精疲力竭了。可是如果他睡午觉的话，哪怕只睡五分钟，也能够赛完全场，一点也不感到疲劳。

所以说，为了更好地工作，每天多休息一些对工作是有益的，此外做些小游戏也可有益降低疲劳度，有益身心健康。有效地调整和使用自己的精力，该休息时休息，该娱乐时娱乐，让你随时有精力专心应对工作，而不会在关键时刻感到精疲力竭。

别让疲劳吞噬了自己

集市上有人卖鬼，吆喝的响亮，吸引了很多人。一个过路的人大起胆子去问卖鬼的人："你的鬼，多少钱一只？"

卖鬼的人说："200两黄金一只！我这鬼很稀有的。它是只巧鬼。任何事情只要主人吩咐，全都会做。又很会工作，一天的工作量抵得100人。你买回去只要很短的时间，不但可以赚回200两黄金，还可以成为富翁呀！"

过路的人非常疑惑："这只鬼既然那么好，为什么你不自己使用呢?"

卖鬼的人说:"不瞒您说,这鬼万般好,唯一的缺点是,只要一开始工作,就永远不会停止。因为鬼不像人,是不需要睡觉休息的。所以您要24小时,从早到晚把所有的事吩咐好,不可以让它有空闲。只要一有空闲,它就会完全按照自己的意思工作。我自己家里的活儿有限,不敢使这只鬼,才想把它卖给更需要的人!"

过路人心想自己的田地广大,家里有忙不完的事,就说:"这哪里是缺点,实在是最大的优点呀!"

于是花200两黄金把鬼买回家,成了鬼的主人。主人叫鬼种田,没想到一大片地,两天就种完了。主人叫鬼盖房子,没想到三天房子就盖好了。主人叫鬼做木工装潢,没想到半天房子就装潢好了。整地、搬运、挑担、舂磨、炊煮、纺织。不论做什么,鬼都会做,而且很快就做好了。短短一年,鬼主人就成了大富翁。

但是,主人和鬼变得一样忙碌,鬼是做个不停,主人是想个不停。他劳心费神地苦思下一个指令,每当他想到一个困难的工作,例如在一个核桃核上刻10艘小舟,或在象牙球上刻9个象牙球,他都会欢喜不已,以为鬼要很久才会做好。没想到,不论多么困难的事,鬼总是很快就做好了。

有一天,主人实在撑不住,累倒了,忘记吩咐鬼要做什么事。鬼把主人的房子拆了,将地整平,把牛羊牲畜都杀了,一只一只种在田里。将财宝衣服全部磨成粉末……

正当鬼忙得不可开交之时,主人从睡梦中惊醒,才发现一切都没有了。

这是一个寓言故事,真实世界当然不会发生这样的事情,可是这个"永不休息的鬼"却藏在每个人的心里,所有人都希望自己可以永不休息,如此自己就有时间干更多的事情,可是这样不停地工作真的是一种

7

幸福的前兆吗？真的是一种人生的优点吗？恐怕幻想成真时，我们也会像那只"永不休息的鬼"一样把生活都吞噬了。

让灵魂追得上人生的脚步

多年前有一个探险家，雇用了一群当地土著做向导及挑夫，在南美的丛林中找寻古印加帝国的遗迹。尽管背着笨重的行李，那群土著依旧健步如飞，长年四处征战的探险家也比不上他们的速度，每每都喊着前面的土著停下来等候一下。

探险的旅程就在这样的追赶中展开，虽然探险家总是落后，在时间的压力下，也是竭尽所能地跟着土著前进。到了第四天清晨，探险家一早醒来，立即催促着土著赶快打点行李上路，不料土著们却不为所动，令探险家十分恼怒。

后来与向导沟通之后，探险家终于了解背后的原因。这群土著自古以来便流传着一项神秘的习俗，就是在旅途中他们总是拼命地往前冲，但每走上三天，便需要休息一天。向导说："那是为了能让我们的灵魂，能够追得上我们赶了三天路的身体。"

每个人每天都似乎很忙碌，为了自己的目标在全力奋斗，甚至忙到忘了休息，最终被这样超负荷运转拖垮身心。要知道只有善于休息，才能更善于工作，就算是无知无觉的机器也需要停下来保养。我们需要抽出一点空闲时间，远离繁琐的工作，放松一下紧张的神经，调整一下自己的心情，思考思考人生的真谛，让疲惫的身心获得充足的复原机会，让灵魂追得上繁忙的人生。

压力也要拿得起放得下

有一位讲师于压力管理的课堂上拿起一杯水,然后问听众说:"各位认为这杯水有多重?"听众有的说 200 克,有的说 500 克不等,讲师则说:"这杯水只有 200 克,但是各位能手拿这杯水多久呢?拿一分钟,各位一定觉没问题,拿一个小时,可能觉得手酸,拿一天,可能就得叫救护车了。其实这杯水的重量一直没变,但是你若拿越久,就觉得越沉重,这就像我们承担着压力一样,如果我们一直把压力放在身上,不管时间长短,到最后就觉得压力越来越沉重而无法承担,我们必须做的是放下这杯水,休息一下后再拿起这杯水,如此我们才能拿的更久,所以,各位应该将承担的压力于一段时间后适时的放下并好好的休息一下,然后再重新拿起来。"

俗话说:"千里无轻担",一个再轻的担子,哪怕是空筐,挑上它走上一公里不停,也会让人难以忍受,这跟我们在职场上何等相似。繁忙的工作有时逼着我们把压力带回家,结果自然影响生活。智慧的人懂得把工作留在公司,不带压力地享受闲暇时间,让自己充分地休息,然后才继续高效工作。只要懂得合理排解压力的人才有良好的生活品质。

弄清楚你到底在忙什么

张先生曾经有一个叫秦关的同学,每次见到秦关的时候,他都是在忙个不停。一次,张先生忍不住问他为什么这么忙碌。

"啊,时间太少了,可我要做的事太多了。"话还未说完,他又急匆匆地向前赶去。

大家一定会认为秦关在事业上非常成功吧，可是据张先生从中学认识他到现在的20多年里，他从未见过秦关在哪一方面有杰出的表现。

大家不免产生疑问，那就是他一天急急匆匆，既舍不得休息，又舍不得娱乐，那么他到底在忙些什么？一次借着和他商量工作的机会，张先生发现了这个事情的原委。

当张先生早上8点半到公司找他的时候，他就已经在办公室很久了。刚一踏进他的办公室，张先生就吓了一跳，凌乱的文件到处都是，桌子上、书架上堆满了各种各样的资料。

见到张先生进来，他从文件堆里抬起头，客套话也不说就谈起工作来。张先生也不敢怠慢，与他就公司的下半年工作计划讨论起来。讨论中，张先生需要公司去年的策划方案作参考，于是他就在一大堆文件中翻起来。很显然，他并没有将文件归类，等他终于找到这份方案时，桌上的文件已被他翻了一大半，弄得乱七八糟的，时间也浪费了近20分钟。

他们继续谈下去，又涉及公司往年的业绩，需要查一下这方面的资料，于是他又在书架上一本一本地寻找，这一次花了近半个小时。不一会儿，一家公司打电话向他要产品介绍，他再次停下来乱翻一气，这又是20多分钟的时间。

看到这儿，张先生以前的疑团全部解开了。原来他的时间都花在了根本不必要的麻烦上面。张先生认真地提醒他："你为什么不花点时间把这些东西分类整理一下呢？"他大声抱怨道："你看我一天这么忙，哪有时间啊！"

从那以后，张先生再也不敢跟这位朋友打交道了，他实在不敢再花时间和他耗下去。

我们的身边，常常可以见到像秦关这样的人。他们总有一种时间不够用的感觉。但是，当他们回首往事的时候，却发现自己并没有做多少有意义的事，其实他们是把时间浪费在根本不必要的麻烦上面。原因就是没有计划。因此，如果你想生活得轻松自如，就应该学会如何安排好自己的时间，学会做事时分清轻重缓急，学会照顾全局。在做事之前考虑一下，你这一天一共要做几件事。列一个任务表，并且按照优先次序对各项任务进行时间预算或分配，这样做对会你十分有益。

不该忙的就不要忙

日本作家川端康成自获诺贝尔奖之后，受盛名之累，常被官方、民间，包括电视广告商人等等，拉着去做这做那。文人难免天真，不擅应酬，心慈面软，不会推托；做事又过于认真，不懂敷衍；于是陷入忙乱的俗事重围，不知如何解脱，终于自杀，了此一生。据报道，川端临终前，曾为筹措笔会经费而心力交瘁。心情十分低落，可能是促使他厌世自杀的原因之一，这当不是妄测之词。

固然，对一位作家来说，能获得诺贝尔奖，人生本已是成功的了。如果他不被卷入使他烦倦不堪的琐事，而是宁静度岁，以他丰富的人生智慧，或可有更多光辉璀璨的创作留传于世。

《凡尔登湖》的作者梭罗，为了要写一本书，而去森林中度过两年隐士生活。自己种豆和玉蜀黍为食，摆脱了一切剥夺他时间的琐事俗务，专心致志，去体验林间湖上的景色和他心灵所产生的共鸣。从中发现许多道理，从而完成了这本名著。

常有人叹息生活忙乱，负担沉重。当然，人生有许多推不开的负担，但是，在这些负担之中，有许多是不必要的。由于太贪多、太求全、或不懂拒绝反而使自己陷入困境，操劳起自己本不该应忙的事务。

许多人在除了自己分内该忙的事情外，更多地去忙些不该忙的。如为了面子、关系忙应酬；为了增加物质享用或虚荣而忙赚钱；为求地位忙着奔走钻营，结果弄巧成拙，荒废了自己的人生主业，反而不如只一心一意地经营自己分内的、感兴趣事情。如此，不但更容易成功，而且这样的人生也更有味。

放弃不必要的负担

一位妇人将她家门前的草坪铲掉了。邻居惊讶地问她："这么珍贵的草坪铲掉多可惜呀？"

妇人答道："为了这草坪，我春天松土施肥；夏天要修剪整形；秋天重新播种。年复一年，为此我花了多少时间？可是又有谁需要它呢？"

现在，她家的前院是一片翠绿的长春花，年年春天开满鲜花，又不必费工夫管理。这样她也有时间去干点她真正喜欢的事了。

生活中我们天天为之忙碌的事务，并不是件件重要，但却要消耗我们大量的精力、时间，我们不妨放弃这些不必要的负担，还能抽出时间做自己真正想做的事情，如此轻松生活会更好。

一定要在欲望与现实之间找到平衡点

很久以前，有一位皇帝经过多年战争终于攻占敌国，高兴之余便下令重赏昔日忠心耿耿的大臣，于是下了这样一道告示：所有三品以上的大臣，都将获得一片土地，而且，土地的多少，由大臣们自己决定，方法是每一个大臣骑一匹马，在三天之内，绕着广袤的土地跑过一圈，圈子里的土地，就归个人所有；三品以下大臣由皇帝赏赐珠宝。

告示刚张贴出来，大臣们中间就沸腾开了，纷纷为国王的赏赐而兴奋不已，大呼英明。几乎每个可以跑马圈地的大臣，都在最快的时间里，找到了各自最好的骏马，准备占领自己相中的土地。其中有一个大臣，身体瘦消，是朝中有名的"贫困户"，官场上钻营了大半辈子，也不过管理一个清水衙门，虽然大贵却无大富的可能。在这次的圈地风潮面前，这位最喜欢占些小便宜的功臣，早已按捺不住内心的激动，心想：自己穷了一辈子，现在终于有机会大大地富贵一把了！自己一定要想个办法圈到最多的土地。

一番苦思冥想之后，这位穷大臣终于有了一个绝妙的计策，不禁喜上眉梢。原来，他为了能比别人得到更多的土地，干脆带足了三天的干粮，发誓要一直不停地跑下去，不到三天绝不下马。

就这样，穷大臣开始了自己的计划。第一天过去了，他就感觉太累了，神思恍惚，只有靠吃点食物才能有点精神。第二天，他握着缰绳的手已经麻木、不听使唤，眼睛也几乎睁不开了，连续两天强打精神，已经让他本来衰老的身体，几乎失去了最后的一丝生气。他太渴望休息一下了，无数次地想要放弃，但是，圈地最多的伟大梦想压倒了一切。

终于，在一轮红日从东方升起的时候，已经在崩溃边缘的穷大臣，开始了第三天的征程。他极度乏力，但却无法进食。他枯坐在马背上，再无法像开始时那样精神抖擞，连拉一拉缰绳，都要拼尽全力，有好几次，他都感到两眼发黑，似乎要从马背上栽下，但是，想到以后自己能成为这个国家最大的地主，他又顽强地坚持着。

日头一点点地向西方移动，三天的跑马圈地期限已近尾声，一个极其壮阔宏大的圆圈即将成形，穷大臣当初的梦想，眼看就要变成现实。此刻胜利在望，穷大臣想起了年轻时鏖战沙场的英姿，不禁想学一学当年的样子，他居然真的举起了臂膀，却没想到，挥起双臂的瞬间，他整

第一章　劳逸结合，有张有弛

13

个人从马背上摔了下来,再也没有站起,此时,离盼望已久的终点,只有几百米远。

欲望能助人成功,但也会使人疯狂,其间的区别在于人是否能够理智对待。人的贪欲永无止境,永远无法满足,可是我们的能力、精力有限,你必须知道自己的底线,否则就可能会像跑马圈地的穷大臣一样因为贪婪而丧了性命。找到欲望和现实之间的平衡点,你才能更好的控制欲望而不致为其疲于奔命、身心俱累,才能放松自己、享受生活。

第二章
慢步的人生更有风味

早上为了赶上公车行色匆匆,中午饭时间短暂吃得狼吞虎咽,下午工作没完成继续加班、废寝忘食,每个人都在忙忙碌碌,忙前途,忙事业,忙钱忙权忙生存。忙得不闻松涛鸟语;忙得不见月明星稀;忙得没时间关爱家庭;忙得忘了倾听自己内心的声音,最终忙得迷失了自己。殊不知,人生是一趟单程列车,无论长远,终有一个终点,走过了,就不能再回头。当你跑得太快时,风景都错过,美丽都错过,到达终点时,你心中还会留下什么?慢一点吧!这样的人生才更有味!

慢下脚步会有更丰富的人生

一位年轻的总裁，开车经过住宅区的巷道，因为着急公司的事务，所以速度很快。就在他的车经过一群小朋友的时候，一个小朋友丢了一块砖头打到了他的车门，他很生气地踩了煞车并后退到砖头丢出来的地方。

他跳出车外，抓了那个小孩，把他顶在车门上说："你为什么这样做，你知道你刚刚做了什么吗？"接着他又吼道，"你知不知道你要赔多少钱来修理这台新车，你到底为什么要这样做？"

小孩子哀求着说："先生，对不起，我不知道我还能怎么办？我丢砖块是因为没有人停下来，"小朋友一边说一边眼泪从脸颊落到车门上。"因为我哥哥从轮椅上掉下来，我没办法把他抬回去。你可以帮我把他抬回去吗？他受伤了，而且他太重了我抱不动。"那男孩啜泣着说道。

这些话让这位年轻的总裁深受感动，他抱起男孩受伤的哥哥，帮他坐回轮椅上。并拿出手帕擦拭他哥哥的伤口，以确定他哥哥没有什么大问题。

那个小男孩感激地说："谢谢你，先生，上帝保佑你。"然后他看着男孩推着他哥哥回去。

年轻的总裁才发现自己已经很久没有这样的感动，每天快节奏的生活让他像程序一般，虽然生活简单，但却缺乏滋味。他慢慢地走回车上，他决定不去修它了。他要让那个凹洞时时提醒自己，"不要等周遭的人丢砖块过来了，才注意到自己的脚步已走的过快。"

放慢你的脚步，你会发现最平易处也有令你意想不到的风景，放慢你的脚步，也许你会损失一些收入，但你会收获更丰富多彩的人生，放慢你的脚步，你会更加享受生命之美。

匆匆的抉择常会让你与目标背道而驰

单位里调来了一位新主管，据说是个能人，专门被派来整顿业务，因此大多数的同仁都很兴奋。可是，日子一天天过去，新主管却什么都没有做，每天彬彬有礼地进入办公室，便躲在里面难得出门，那些紧张得要死的坏分子，现在反而更猖獗了。他哪里是个能人，根本就是个老好人，比以前的主管更容易唬。

四个月之后，新主管却发威了，坏分子一律开除，能者则获得提升。下手之快，断事之准，与前四个月中表现保守的他，简直像换了一个人。年终聚餐时，新主管在酒后致辞："相信大家对我新上任后的表现和后来的大刀阔斧，一定感到不解。现在听我说个故事，各位就明白了。"

"我有位朋友，买了栋带着大院的房子，他一搬进去，就对院子全面整顿，杂草杂树一律清除，改种自己新买的花卉。某日，原先的房主回访，进门大吃一惊地问，那株名贵的牡丹哪里去了。我这位朋友才发现，他居然把牡丹当草给清除掉了。后来他又买了一栋房子，虽然院子更是杂乱，他却是按兵不动，果然冬天以为是杂树的植物，春天里开了繁花；春天以为是野草的，夏天却是一团锦簇；半年都没有动静的小树，秋天居然红了叶。直到暮秋，他才认清哪些是无用的植物而大力铲除，并使所有珍贵的草木得以保存。"

说到这儿，主管举起杯来，"让我敬在座的每一位！如果这个办公室是个花园，你们就是其间的珍贵花木，它不可能一年到头总开花结果，但只要经过长期的观察，就一定可以认得出。"

人们往往只知道应该珍惜时间，所以什么时候都行色匆匆，却常常使自己陷入盲目之中。时间在于合理利用，欲速则不达，匆匆的抉择常会让你与目标背道而驰，只有留下观察与思考的时间，才是真的珍惜时间。

急于求成只会揠苗助长

急于求成、恨不能一日千里，往往事与愿违，大多数人知道这个道理，却总是与之相悖。历史上的很多名人是在犯过此类错误之后才真正掌握这个真谛。宋朝的朱熹是一代大儒，从小就聪明过人。四岁时其父指天说："这是天。"朱熹则问："天上有何物？"如此聪慧令他父亲称奇。他十几岁就开始研究道学，同时又对佛学感兴趣，希望能学问早有所成。然而到了中年之时才感觉到，速成不是良方，经过一番苦功方能有大成就。他以十六字真言对"欲速则不达"作了一番精彩的诠释："宁详毋略，宁近毋远，宁下毋高，宁拙毋巧。"

一味主观地求急图快，违背了客观规律，后果只能是欲速则不达。一个人只有摆脱了速成心理，一步步地积极努力，步步为营，才能达成自己的目的。

有一个孩子，很喜欢研究生物，很想知道蛹是如何破茧成蝶的。有一次，他在草丛中看见一只蛹，便取了回家，日日观察。几天以后，蛹出现了一条裂痕，里面的蝴蝶开始挣扎，想抓破蛹壳飞出。艰辛的过程达数小时之久，蝴蝶在蛹里辛苦地挣扎。小孩看着有些不忍，想要帮帮它，便拿起剪刀将蛹剪开，蝴蝶破蛹而出。但他没想到，蝴蝶挣脱蛹以后，因为翅膀不够有力，根本飞不起来，不久，痛苦地死去。

破茧成蝶的过程原本就非常痛苦、艰辛，但只有通过这一经历才能换来日后的翩翩起舞。外力的帮助反而违背了自然的过程，揠苗助长只会让关爱变成了伤害，最终让蝴蝶悲惨地死去。

欲速则不达，急于求成会导致最终的失败。做人做事都应放远眼光，注重知识的积累，厚积薄发，自然会水到渠成，达成自己的目标。许多事业都必须有一个痛苦挣扎、奋斗的过程，而这也是将你锻炼得坚强，使你成长、使你有力的过程。

从容的步伐才是正确的速度

有一位教练常提醒队员说："要想赢，就得慢慢地划桨。"也就是说，划桨的速度太快的话，会破坏船行的节拍。一旦搅乱节拍，要再度恢复正确的速度就相当困难了。欲速则不达，这是千古不变的法则。

顺治七年冬天，一位读书人想要从小港进入镇海县城，于是吩咐小书童用木板夹好捆扎的一大叠书跟随着。这个时候，夕阳已经落山，傍晚的烟雾缠绕在树头上，望望县城还有约两里路。读书人便趁机问摆渡的人："还来得及赶上南门开着吗？"那摆渡的人仔细打量了一下小书童，回答说："慢慢地走，城门还会开着，急忙赶路城门就要关上了。"读书人听了这话，认为摆渡人在戏弄他，有些动气。下了船，他就和书童快步前进刚到半路上，小书童摔了一跤，捆扎的绳子断了，书也散乱了。等到把书理齐捆好，到了目的地，才发现前方的城门已经下了锁了。读书人这才领悟到那摆渡的人说的话实在是句哲理。天底下多少人就因为急躁鲁莽给自己招来失败、弄得昏天黑地却还是到不了目的地呢？

所以不论是工作或者划船，都必须以正确而从容的步伐前进，这样心灵才能获得和平的力量，以稳定和谐的智慧指导身心从事工作，如此一来，才更容易抵达目标。

要实践这个理论，就是要留一些空闲的时间从事洗净心灵的活动，譬如静坐，这是相当好的洁净心智的做法，一有时间就安坐一旁，舒放你的心灵，想想曾经欣赏过的高山峻岭、夕雾的峡谷、鲤鱼跳跃的河流、月光倒映的水面……咀嚼复咀嚼，你的心也会舒坦地沉醉其中。

别等到失去了才想到珍惜

黄金周，五官科病房里同时住进来两位病人，都是鼻子不舒服，多年的老毛病，最近发作的厉害，平常工作繁忙没有治疗，趁着假期赶紧来看看。

在等待化验结果期间，甲说："如果是癌，立即去旅行，并首先去拉萨。"乙也同样如此表示。

结果出来了，甲得的是鼻癌，乙患的是鼻息肉。

甲列了一张告别人生的计划表就离开了医院，乙住了下来。

甲的计划表是：去一趟拉萨和敦煌；从攀枝花坐船一直到长江口；到海南的三亚以椰子树为背景拍一张照片；在哈尔滨过一个冬天；从大连坐船到广西的北海；登上天安门；读完莎士比亚的所有作品；力争听一次瞎子阿炳原版的《二泉映月》；写一本书。凡此种种，共二十七条。

他在这张生命的清单后面这么写道：我的一生有很多梦想，有的实现了，有的由于种种原因没有实现。现在上帝给我的时间不多了，为了不遗憾地离开这个世界，我打算用生命的最后几年去实现还剩下的这27个梦。

当年，甲就辞掉了公司原本很重要的职务，去了拉萨和敦煌。第二年，又以惊人的毅力和韧性通过了成人考试。这期间，他登上过天安门，去了内蒙古大草原，还在一户牧民家里住了一个星期。现在这位朋友正在实现他出一本书的夙愿。

有一天，乙在报上看到甲写的一篇散文，打电话去问甲的病。甲说："我真的无法想象，要不是这场病，我的生命该是多么的糟糕。是它提醒了我，去做自己想做的事，去实现自己想去实现的梦想。现在我才体味到什么是真正的生命和人生。你生活得也挺好吧！"

乙没有回答。因为在医院时说的去拉萨和敦煌的事，早已因患的不是癌症而被重重工作挤到脑后。

生命毕竟是有限的，每过一天就会从你的生命中减去一天，许多人经常在生命即将结束时，才觉得自己的生命大多被繁忙工作占据，而还很多自己梦想的事却没有做。珍惜就在于不让人生留有遗憾，想做什么就立即去做，就算不能够完成，也不会再后悔莫及，不要等到一切都无可挽回时才知道岁月的无情，才叹息时光的匆匆。

不要错过沿途的风景

在山中的庙里，有一个小沙弥被要求去买灯油。在离开前，庙里的执事僧交给他一个大碗，并严厉地警告："你一定要小心，我们最近财务状况不是很理想，你绝对不可以把油洒出来。"

小沙弥答应后就下山到城里，到厨师指定的店里买油。在上山回庙的路上，他想到执事僧凶恶的表情及严厉的告诫，愈想愈觉得紧张。小沙弥小心翼翼地端着装满油的大碗，一步一步地走在山路上，丝毫不敢左顾右盼。

很不幸的是，他在快到庙门口时，由于没有向前看路，结果踩到了

第二章　慢步的人生更有风味

21

一个坑。虽然没有摔跤，可是却又洒掉三分之一的油。小沙弥非常懊恼，而且紧张得手都开始发抖，无法把碗端稳。当他回到庙里时，碗中的油就只剩一点儿了。

执事僧拿到装油的碗时，当然非常生气，他指着小沙弥大骂："你这个笨蛋！我不是说要小心吗？为什么还是浪费这么多油，真是气死我了！"

小沙弥听了很难过，开始掉眼泪。另外一位老僧听到了，就跑来问是怎么一回事。了解以后，他就去安抚执事僧的情绪，并私下对小沙弥说："我再派你去买一次油。这次我要你在回来的途中，多观察你看到的人和事物，并且需要给我做一个报告。"

小沙弥想要推卸这个任务，强调自己油都端不好，根本不可能既要端油，还要看风景、作报告。不过在老僧的坚持下，他只有勉强上路了。

在回来的途中，小沙弥发现其实山路上的风景真的很美。远方看得到雄伟的山峰，又有农夫在梯田上耕种。走不远，又看到一群小孩子在路边的空地上玩得很开心，而且还有两位老先生在下棋。他边走边看风景的情形下，不知不觉就回到庙里了。

当小沙弥把油交给执事僧时，发现碗里的油，居然装得满满的，一点都没有损失。

好多人往往迫于生活的压力或是不满足现状的欲望，每天紧盯着自己的目标，搞得自己身心俱疲还没有把事情做好。其实，与其天天在乎自己的目标，不如每天在学习、工作和生活中，享受这一次经历的过程，从中体会乐趣，让成功顺其自然即可。有一句话说的好：刻意经营的人往往输给漫不经意的人。一个懂得从行程中找寻乐趣的人，才不会觉得旅程的艰辛与劳累。

放松心情，品尝人生滋味

从前，有一个人与他的父亲一起耕作一小块地。一年几次，他们会把蔬菜装满那老旧的牛车，运到附近的城市去卖。除姓氏相同，又在同一块田地上工作外，父子二人相似的地方并不多。

老人家认为凡事不必着急，年轻人则个性急躁、野心勃勃。一天清晨，他们套上了牛车，载满了一车的货，开始了漫长的旅程。儿子心想他们若走快些，日夜兼程，第二天清早便可到达市场。于是他用棍子不停催赶牛车，要牲口走快些。

"放轻松点，儿子，"老人说，"这样你会活得久一些。"

"可是我们若比别人先到市场，我们更有机会卖个好价钱。"儿子反驳。

父亲不回答，只把帽子拉下来遮住双眼，在座位上睡着了。年轻人甚为不悦，愈发催促牛车走快些，固执地不愿放慢速度，他们在四小时内走了四里路，来到一间小屋前面，父亲醒来，微笑着说："这是你叔叔的家，我们进去打声招呼。"

"可是我们已经慢了一小时。"着急的儿子说。

"那么再慢几分钟也没关系。我弟弟跟我住得这么近，却很少有机会见面。"父亲慢慢地回答。

儿子生气地等待着，直到两位老人不紧不慢地聊足了一小时，才再次启程，这次轮到老人驾驭牛车。走到一个岔路口，父亲把牛车赶到右边的路上。

"左边的路近些。"儿子说。

"我晓得，"老人回答，"但这边的路景色好多了。"

"你不在乎时间？"年轻人不耐烦地说。

"噢，我当然在乎，所以我喜欢看美丽的风景，尽情享受每一刻。"

蜿蜒的道路穿过美丽的牧草地、野花，经过一条发出淙淙声的河流——这一切年轻人都没有看到，他心里翻腾不已，心不在焉，焦急至极，他甚至没有注意到当天的日落有多美。

黄昏时分，他们来到一个宽广、多彩的大花园。老人吸进芳香的气味，聆听小河的流水声，把牛车停了下来。"我们在此过夜好了。"老人说。

"这是我最后一次跟你做伴，"儿子生气地说，"你对看日落、闻花香比赚钱更有兴趣！"

"对了，这是你许久以来所说的最好听的话。"父亲微笑着说。

几分钟后，他开始打鼾——儿子则瞪着天上的星星，长夜漫漫，儿子好久都睡不着。天不亮，儿子便摇醒父亲。他们马上动身，大约走了一里，遇到另一位农夫——素未谋面的陌生人——力图把牛车从沟里拉上来。

"我们去帮他一把。"老人低声说。

"你想失去更多时间？"儿子勃然大怒。

"放轻松些，孩子，有一天你也可能掉进沟里。我们要帮助有所需要的人——不要忘记。"

儿子生气地扭头看着一边。等到另一辆牛车回到路上时，已是早晨八点钟了。突然，天上闪出一道强光，接下来似乎是打雷的声音。群山后面的天空变成一片黑暗。

"看来城里在下大雨。"老人说。

"我们若是赶快些，现在大概已把货卖完了。"儿子大发牢骚。

"放轻松些，那样你会活得更久，你会更能享受人生。"仁慈的老人劝告道。

到了下午，他们才走到俯视城市的山上。站在那里，看了好长一段时间，二人不发一言。

终于，年轻人把手搭在老人肩膀上说："爸，我明白你的意思了。"

时间固然需要珍惜，但也不要把自己赶得太急。人生如果只像机器一样不停运转，又能有什么意义？人是有思想的，不是机器，生活不是单纯的赚钱，也不是只有疯狂的工作，没有必要把每天的生活都安排得紧紧的，只要自己不是在浪费时间就可以，多留出一点时间，放慢脚步，欣赏欣赏四周的风景，你会感觉轻松愉快，这才是充分享受人生。

主动松绑，做个悠客享受生活

35岁的某外贸公司老总黄鑫说："拥有工作是幸福的，比拥有工作更幸福的是主动放弃工作。这需要一种勇气。尤其在一份待遇优厚的工作或是自己开创的公司面前。"新退休主义者黄鑫的信条就是，当幸福触手可及时，一定要及时把握。说起想做个闲人的起源，是因为看了一本杂志上关于"亚健康"的报道，他一做里面的自测题，惊见自己的情况如此严重，于是在一个月后，自动请缨做了闲人，现在公司全交给弟弟打理。

"那个决定就在一念之间。当时还有个想法，就是看自己在这个年龄有没有勇气去做这个事。"对于将来有什么打算？黄鑫答，将来肯定还会继续忙，现在是一个养精蓄锐的过程。他说想从事一些跟过去不一样的工作。"人生就那么短，我希望更多的人生体验。"

不到三十岁的冯小姐在一家外企工作，正当事业如日中天时，她突然决定辞职。"就是觉得太忙了，对不起儿子。不用工作的时期我也活得很充实，每天到幼儿园接送儿子，带他到国外旅游，心情特别放松。

在人生的路上歇一歇脚，在年轻时身体状况良好时享受生活是一种福气。"一年后，冯小姐又回到工作中，操办了自己的广告公司，但她决定忙几年后，还会"退休"一段时期。

他们年富力强却"游手好闲"，他们事业有成却无心打理，他们离开办公室回到家中，他们抛开工作开始寻找自我，他们从疾驰的轨道从容走开，手里擎着一面旗帜，上面写着两个大字：退休。他们是中国大城市里迅速崛起的新贵——悠客。

33岁的林先生是悠客族里的黄金人物之一，25岁创立广告公司，30岁挣了他人生中第一个1000万，现在他已经是某药厂的老总，资产高达6000万。他一个星期里有一天工作，其他时间都处于悠闲状态。开车去郊外喝茶，跟朋友聚聚，或者一大段时间呆在外地，或许丽江或许西藏或许巴厘岛。他的公司全部交给高薪聘请的精英们替他管理，他完完全全成了黄金悠客。当然，像林先生这样的人物在都市悠客族里并不多见，但也为辛勤劳作的老总们的生活提供了一种新思路。

他们跟通常所说的"闲人"有所不同，他们从快速的生活节奏中撤退下来，开始自己主宰自己，过简单快乐的生活。

传统上，退休是老年人的专利，是从忙碌的工作走向悠闲的生活。而新退休主义宣称：退休与年龄无关，想退就退；退休与事业无关，想做就做。退休不是生活的尾声，而是另一种生活的开始。

当然，提前退休绝对需要一定的物质积累和重新回到工作中去的自信心。有资格选择提前退休的人不仅仅需要心理上的准备，更需要物质的基础。如今大城市里由于工作压力太大而患上心理疾病并导致自杀的现象时有发生。主动选择放弃，给自己松松绑，是一种不错的尝试。如果你也觉得自己工作得太累，何不也学学悠客，主动"退休"一段时间，四处走走，陪陪家人，交交朋友，思考思考人生。让自己的生活慢下来，反而会获得一个更充实的人生。

第三章
再忙也要留点时间给爱

友情、亲情、爱情是情感世界永恒不变的三大主题。然而随着如今日趋激烈的竞争，人们却越来越忽视感情。人生最重要的事莫过于事业与感情，如果你想幸福，就不要忽略了感情。大忙人们在忙工作、忙事业、忙交际之时，千万留出点时间，陪陪父母、孩子、爱人。只有家庭幸福，努力事业才有乐趣，否则赢了财富，丢了幸福，只剩繁忙的人生多苦。

工作不是生活的全部

　　一个常年鏖战于商场的朋友，为了不断拓展业务而长期在外奔波，忽略了妻子的温柔，忽略了儿子的成长，而他还满心骄傲地以为自己的不辞辛苦让亲人过上了一天强似一天的日子。忽然有一天，积劳成疾的他被送进了医院，初诊结果是癌症。他躺在病床上，望着眼角已爬上细细皱纹的妻子和长得比妈妈还高了的儿子，突然明白自己过去有多傻，多糊涂。用长久的别离换得的优裕的物质生活环境又怎能替代亲人相守的天伦之乐呢？他流着泪向妻儿许诺，只要自己病能好，一家人再不分开，一起去旅游，去看海，去黄山观云雾。

　　后来经过复查发现先前误诊，只不过是良性肿瘤，手术后不久他就出院了。他没有忘记自己的诺言，也想带着妻儿出去走走，可是公司积压已久的事务亟待他去处理，大大小小的会议等着他去出席。他不由得感叹身不由己。黄山云雾，只有在梦里相见了！

　　为什么经历了与死神擦肩而过的惊险，还不能抛开种种俗务的纷扰？忙忙碌碌、忧心忡忡的人，为何不问问自己：什么才是真正要紧的？人生的成功自然包含着人人想得到的功成名就，但它并不是最重要的，更不是唯一照亮世界的太阳，人生还有很多更重要的价值，比如亲情，比如爱，明白这点，对于那些每个整日为工作而奔波劳碌的人大有必要。

输了自己，赢了世界又如何

　　卢比斯是一家大型网络公司的内容策划和监制，这家公司每天的工作都很紧张，就连上厕所都是百米冲刺的速度。作为公司骨干，他更是忙到中午吃饭都是狼吞虎咽地在十分钟内解决。他经常坐在电脑前，盯着屏幕一干就是一整天，一刻也不敢放松。长年累月，没有双休日，没有节假日，天天晚上不到12点回不了家，还常常因为突发事件而半夜或者凌晨起来加班，生物钟完全被打乱了，睡眠更是严重不足。自从他离开大学，就几乎再也没有进行过任何体育锻炼了，旅游更是想都不敢想。缺乏体育锻炼，使卢比斯的体形变得臃肿而难看，情绪也变得非常烦躁，常常因为一些小事和同事大发脾气。

当然，拼命的工作还是有了回报，卢比斯不久就被提拔为部门主管，可是与任命书一起到达的，还有老婆的离婚书和医院的入院证明书。

在这样一个时代，像卢比斯这样的人并不少见，穿行在城市间的匆匆脚步，奔跑在写字楼间的身影，上班时间地铁拥挤的人群……一切一切都在昭示着大多数人都在拼命地工作，紧张的节奏却似乎让人们忘记了自己为什么工作。工作只是生活的一部分，永远不要把它归于人生最重要的部分，输了自己，赢了世界又如何？

金钱永远代替不了亲情

一位爸爸下班回家很晚了，很累并有点烦，发现他五岁的儿子靠在门旁等他。

"爸爸，我可以问你一个问题吗？"

"当然可以，什么问题？"父亲回答。

"爸爸，你一小时可以赚多少钱？"

"这与你无关，你为什么问这个问题？"父亲生气地问。

"我只是想知道，请告诉我，你一小时赚多少钱？"小孩哀求。

29

"假如你一定要知道的话，我就告诉你，我一小时赚 10 美金。"

"喔！"小孩低着头这样回答。小孩接着说："爸，可以借我 5 美金吗？"

父亲发怒了，"如果你问这问题只是要借钱去买毫无意义的玩具或东西的话，马上给我回到你的房间好好想想为什么你会那么自私。我每天长时间辛苦工作着，没时间和你玩小孩子的游戏！"

听了父亲的话，小孩安静地回自己房间并关上门。这位父亲坐下来还对小孩的问题生气，他很奇怪这么小的孩子怎么敢只为了钱而问这种问题？约一小时后，他平静下来了，开始想着他可能对孩子太凶了。或许他应该用那 5 美金买小孩真正想要的，他不常常要钱用。

父亲走到小孩的房间并打开门。

"你睡了吗，孩子？"他问。

"爸爸，还没睡，我还醒着。"小孩回答。

"我想过了，我刚刚可能对你太凶了。"父亲说。"我将今天的闷气都爆发出来了。这是你要的 5 美金。"小孩笑着坐直了起来，"爸，谢谢你。"小孩叫着。

接着小孩从枕头下拿出一些被弄皱了的钞票。这父亲看到小孩已经有钱了又向他要钱，忍不住又要发脾气。这小孩慢慢地算着钱，接着看着他的爸爸。

"为什么你已经有钱了还需要更多？"父亲生气地问孩子。

"因为我以前不够，但我现在足够了。"小孩回答。

"爸爸，我现在有 10 美金了，我可以向你买一个小时的时间吗？明天请早一点回家，我想和你一起吃晚餐。"

不要以为能给亲人更多的钱就给了他一切，真正的情感是无法用金钱来衡量的。无论你怎样的忙，切莫忘记给家庭生活留出时间。

不要用金钱来衡量真爱

某乡村有一对清贫的老夫妇，有一天他们想把家中唯一值点钱的一匹马拉到市场上去换点有用的东西。老头牵着马去赶集了，他先与人换得一头母牛，又用母牛去换了一只羊，再用羊换来一只肥鹅，又把鹅换了母鸡，最后用母鸡换了别人的一口袋烂苹果。

在每次交换中，他都想给老伴一个惊喜。

当他扛着大袋子来到一家小酒店歇息时，遇上两个美国人。闲聊中他谈了自己赶集的经过，两个美国人听后哈哈大笑，说他回去准得被老婆子揍一顿。老头子坚称绝对不会，美国人就用一袋金币打赌，三个人于是一起回到老头子家中。

老太婆见老头子回来了，非常高兴，她兴奋地听着老头子讲赶集的经过。每听老头子讲到用一种东西换了另一种东西时，她都充满了对老头的钦佩。她嘴里不时地说着：

"哦，我们有牛奶了！"

"羊奶也同样好喝。"

"哦，鹅毛多漂亮！"

"哦，我们有鸡蛋吃了！"

最后听到老头子背回一袋已经开始腐烂的苹果时，她同样不愠不恼，大声说："我们今晚就可以吃到苹果馅饼了。"

结果，美国人输掉了一袋金币。

真爱的眼中没有缺点，真爱的心中全是快乐。只要彼此都在为对方着想，对与错已经都不重要了，当然不必在算经济账了，物质上的那些损失又怎么能与精神上得到的快乐相比呢？

只有时间才能真正认识爱

从前有一个小岛，上面住着快乐、悲哀和爱，还有其他各类情感。

一天，情感们得知小岛快要下沉了，于是，大家都准备船只，离开小岛。只有爱留了下来，她想要坚持到最后一刻。

过了几天，小岛真的要下沉了，爱想请人帮忙。

这时，富裕乘着一艘大船经过。

爱说："富裕，你能带我走吗？"

富裕答道："不，我的船上有许多金银财宝，没有你的位置。"

爱看见虚荣在一艘华丽的小船上，说："虚荣，帮帮我吧！"

"我帮不了你，你全身都湿透了，会弄坏了我这漂亮的小船。"

悲哀过来了，爱想她求助："悲哀，让我跟你走吧！"

"哦……爱，我实在太悲哀了，想自己一个人呆一会！"悲哀答道。

快乐走过爱的身边，但是她太快乐了，竟然没有听到爱在叫她！

突然，一个声音传来："过来！爱，我带你走。"

这是一位长者。爱大喜过望，竟忘了问他的名字。登上陆地以后，长者独自走开了。

爱对长者感恩不尽，问另一位长者知识："帮我的那个人是谁？"

"他是时间。"知识老人答道。

"时间？"爱问道，"为什么他要帮我？"

知识老人笑道："因为只有时间才能理解爱有多么伟大。"

忙碌的我们重视工作，重视报酬，重视机遇，却常常忽视爱，但是时间走过，我们才发现我们所追求的远远不如爱来得重要。时间能够理解爱有多伟大，但是忽视它的人懂得时难免太晚，如果你现在知道爱有多么伟大，那就赶快重视它。

为爱心感恩

报纸在感恩节的社论版上有一则故事：

说有一位教师要求她所教的一班小学生画下最让他们感激的东西。她心想能使这些穷人家小孩心生感激的事物一定不多，她猜他们多半是画桌上的烤火鸡和其他食物。

当看见道格拉斯的图画时，她十分惊讶，那是以童稚的笔法画成的一只手。

"谁的手？"全班都被这抽象的内容吸引住了。

"我猜这是上帝赐食物给我们的手。"一个孩子说。

"一位农夫的手。"另一个孩子说。

到全班都安静下来，继续做各人的事时，老师才过去问道格拉斯，那到底是谁的手。

"老师，那是你的手。"孩子低声说。

老师想起来自己曾经在休息时间牵着孤寂无伴的道格拉斯散步；她也经常如此对待其他孩子，但对道格拉斯来说却特别有意义。

或许别人的给予是无意识的，也或许别人的给予是微不足道的，但没有任何人必须为你去做什么，为别人的给予去感恩，这正是每个人应当感恩的。生命的处处都会有些小事值得感恩，你会因此感受到生活的美丽。

感恩父母

　　一个男孩在离家二十多里的县城读高中。

　　在那一年感恩节的夜晚，他独自躺在床上看一本外国文集。看到了书中有一段故事：

　　一个远离父母的孩子，在他16岁那年的感恩节，他突然意识到自己长大了，他想到了感恩。于是，他不顾窗外飘着雪，连夜赶回家对父母说，他爱他们。

　　这孩子的父亲打开门时，他说："爸，今天是感恩节，我特地赶回来向你和妈妈表示感谢，谢谢你们给了我生命！"他的话刚说完，父亲就紧紧地拥抱了他，母亲也从里间走出来，深情地拥吻了他。

　　男孩子再也看不下去了，因为今天正是西方的感恩节，那种温馨的场面，一下子牵动了他的思乡情结。"我也要给父母一个惊喜！"他想。

　　已经是晚上了，没有了回家的车。于是他借了一辆自行车，就急忙地往家赶，全然不顾天正下着雨。

　　一路上，男孩一直在想象着父母看到他时的惊喜。尽管汗水和着雨水湿透了衣服，他依然使劲地蹬着踏板，只想早些告诉父母我对他们的爱与感激。

　　终于，男孩站到了家门口，心情激动的敲响了门。门打开了，母亲一见没等他说话就问道："你怎么啦？深更半夜的，怎么回来了，出什么事了？"男孩想了无数遍的话却说不出口了。迟疑了半天也没说出来，最后什么也没说，只是摇摇头说了声没事，走进了自己的房间。他想：难道文学和生活就相差这么远吗？父亲走出来问母亲："怎么啦？""不知怎么了，"母亲说，"我问他，他也不说。让他歇着吧，明天再说。"

第二天早上,男孩起床后不见父亲,问道:"妈,爸去哪了,怎么不见他?"

"去你学校,问问你到底出了什么事?他担心着呢!"

"唉!"男孩叹口气说,"我什么事也没有,就是想回来看看你们。"

"你深更半夜地跑回来,什么也不说,我和你爸一宿没睡,天刚蒙蒙亮,你爸走了!"

男孩苦笑了一下,没想到感恩不成,却又让父母担心了一夜。

从那晚男孩明白,对于父母的感恩方式有许多种,并不一定是在深夜赶回家。男孩感恩却弄巧成拙,但也一次感受到了父母那份深深的爱。

世间最伟大的爱莫过于父母之爱,世间最值得感恩的人就是自己的父母。给我们生命的是父母,养育我们的是父母,每天牵挂我们的是父母。数十年如一日,他们给子女深沉的关爱,甚至我们都以长大,都能独当一面了,他们依旧不停地去关心爱护我们。动物尚知反哺,我们难道还不知道感恩父母吗?

经营好自己的婚姻

家政学校的最后一门课是《婚姻有经营和创意》,主讲老师是学校特地聘请的一位研究婚姻问题的教授。

他走进教室,把随手携带的一叠图表挂在黑板上,然后,他掀开挂图,上面用毛笔写着一行字:

婚姻的成功取决于两点:

一、找个好人;

二、自己做一个好人。

"就这么简单，至于其他的秘诀，我认为如果不是江湖偏方，也至少是些老生常谈。"教授说。

这时台下嗡嗡作响，因为下面有许多学生是已婚人士。

过了一会儿，终于有一位三十多岁的女子站了起来，说："如果这两条没有做到呢？"

教授翻开挂图的第二张，说："那就变成4条了。"

一、容忍，帮助。帮助不好仍然容忍。

二、使容忍变成一种习惯。

三、在习惯中养成傻瓜的品性。

四、做傻瓜，并永远做下去。

教授还未把这四条念完，台下就喧哗起来，有的说不行，有的说这根本做不到。

等大家静下来，教授说："如果这四条做不到，你又想有一个稳固的婚姻，那你就得做到以下十六条。"

接着教授翻开第三张挂图。

一、不同时发脾气。

二、除非有紧急事件，否则不要大声吼叫。

三、争执时，让对方赢。

四、当天的争执当天化解。

五、争吵后回娘家或外出的时间不要超过八小时。

六、批评时的话要出于爱。

七、随时准备认错道歉。

八、谣言传来时，把它当成玩笑。

九、每月给他或她一晚自由的时间。

十、不要带着气上床。

十一、他或她回家时，你最好要在家。

十二、对方不让你打扰时，坚持不去打扰。

十三、电话铃响的时候，让对方去接。

十四、口袋里有多少钱要随时报账。

十五、坚持消灭没有钱的日子。

十六、给你父母的钱一定要比给对方父母的钱少。

教授念完，有些人笑了，有些人则叹起气来。

教授听了一会儿说："如果大家对这十六条感到失望的话，那你只有做好下面的二百五十六条了。总之，两个人相处的理论是一个几何级数理论，它总是在前面那个数字的基础上进行二次方。"

接着教授翻开挂图的第四页，这一页已不再是用毛笔书写，而是用钢笔，二百五十六条，密密麻麻。教授说："婚姻到这一地步就已经很危险了。"这时台下响起了更强烈的喧哗声。

不过在教授宣布下课的时候，有的人坐在那儿没有动，他们流下了眼泪。俗话说："勺子没有不碰锅沿的。"夫妇之间长期相处，闹意见，吵嘴也是常见的事，但要明白一点：人总免不了有缺点。既然相爱，那么就应该因爱而了解，因了解而容忍，因容忍而宽恕，因宽恕而美丽。双方应该尽量容忍，细心地去体谅对方，这样婚姻才会稳定，家庭才会和睦，幸福才会长久。

学会低头，生活就会和谐

加拿大魁北克省有一条南北走向的山谷。山谷没有什么特别之处，唯一能引人注意的是它的西坡长满松、柏、女贞等树，而东坡却只有雪松。

这一奇异景色之谜，许多人不知所以，然而揭开这个谜的，竟是一对夫妇。

那是1993年的冬天,这对夫妇的婚姻正濒于破裂的边缘,为了找回昔日的爱情,他们打算做一次浪漫之旅,如果能找回就继续生活,否则就友好分手。他们来到这个山谷的时候,下起了大雪,他们支起帐篷,望着满天飞舞的大雪,发现由于特殊的风向,东坡的雪总比西坡的大且密。不一会儿,雪松上就落了厚厚的一层雪。不过当雪积到一定程度,雪松那富有弹性的枝丫就会向下弯曲,直到雪从枝上滑落。这样反复地积,反复地积,反复地弯,反复地落,雪松完好无损。可其他的树,却因没有这个本领,树枝被压断了。

妻子发现了这一景观,对丈夫说:"东坡肯定也长过杂树,只是不会弯曲才被大雪摧毁了。"少顷,两人似乎突然明白了什么,紧紧地拥抱在一起。

生活中我们承受着来自各方面的压力,积累到让我们难以承受的程度,这时候,我们需要像雪松那样弯下身来。释下重负,才能够重新挺立,避免压断的结局。弯曲,并不是低头或失败,而是一种弹性的生存方式,是一种生活的艺术。婚姻中也不可避免有风雪,爱情的大树也需要弯曲的艺术。夫妻之间无所谓强弱,相互体谅些,相互忍让些,关键时刻低一下头,一切就全都会过去。

爱情不一定轰轰烈烈

他爱上她的时候,她才19岁,正在远离现实世界的象牙塔里做着纯真的梦。而他已经工作了好几年,差不多忘记了什么是浪漫,因此,他尽可能小心地呵护着他和她的精神世界。

有一天,他借来梅丽尔·斯特里普演的《索菲的选择》和她一起看。片子看完了，她并没有真正明白片子最深刻的意义，可是有一个镜头从此嵌入了她的脑海，令她永生难忘：当人们弄开房门，冲进屋子时，发现那两个相爱的人已相拥着告别了这个世界。

她流泪了，她问他这是不是爱的最高境界。他笑了笑，没有回答。她觉得，他一定知道还有一种更高的境界。

他等了她很多年，然后她成了他的妻子。渐渐地，不知有意还是无意，他们养成了相拥而眠的习惯。无论睡梦中变化了怎样的姿势，无论他们为了什么事互不理睬，第二天清晨醒来，她总是在他怀里。

她觉得很幸福。再后来，他们之间发生了一些事，开始互相怀疑他们之间的感情。他不再对她说"我爱你"，当然她也不再对他说"我也是"。

一天晚上，他们谈到了分手的事，背对背睡下了。

半夜，天上打雷了。第一声雷响时，他惊醒了，下意识地猛地用双手去捂她的耳朵，才发现不知何时他又拥着她。第二声雷紧接着炸开了，她或许是被雷声或许是被他的手弄醒了，睁开眼，耳里还有闷闷的雷声，他的手正从她耳朵上拿开。她的眼顿时湿润了。他们重新闭上眼，假装什么也没发生，可谁都没有睡着。

她想，也许他还爱我，生怕我受一点点惊吓。

他想，也许她还爱我，不然她不会流泪的。

看惯了轰轰烈烈的爱情你会发现：那些故事之所以催人泪下是因为都是悲剧；就算有一些喜剧，也是在圆满结局后就戛然而止，那时因为接下来就不得不归于平淡。其实，并不是所有的爱都惊天动地，真爱通常是平淡的，它一定要经得起岁月的冲刷，爱的最高境界就是经得起平淡的流年。

拥有的就是最珍贵的

　　从前，有一座寺庙，有许多人前来上香拜佛，香火很旺。在寺庙大门的横梁上有个蜘蛛结了张网，由于每天都受到香火和虔诚祭拜的熏染，蜘蛛便有了佛性。经过了一千多年的修炼，蜘蛛佛性增加了不少。

　　忽然有一天，佛陀光临了这座寺庙，看到这里香火很旺，十分高兴。离开寺庙的时候，不轻易间抬头，看见了横梁上的蜘蛛。

　　佛陀停下来，问这只蜘蛛："你我相见总算是有缘，我来问你个问题，看你修炼了这一千多年来，有什么真知灼见，怎么样？"

　　蜘蛛遇见佛陀很是高兴，连忙答应了。

　　佛陀问道："世间什么才是最珍贵的？"

　　蜘蛛想了想，回答道："世间最珍贵的是'得不到'和'已失去'。"

　　佛陀没有说话，离开了。

　　就这样又过了一千年的光景，蜘蛛依旧在寺庙的横梁上修炼，它的佛性大增。

　　一日，佛陀又来到寺前，对蜘蛛说道："你可还好，一千年前的那个问题，你可有什么更深的认识吗？"

　　蜘蛛说："我觉得世间最珍贵的还是'得不到'和'已失去'。"

　　佛陀说："你再好好想想，我会再来找你的。"

　　又过了一千年，有一天，刮起了大风，风将一滴甘露吹到了蜘蛛网上。蜘蛛望着甘露，见它晶莹透亮，很漂亮，顿生喜爱之意。蜘蛛每天看着甘露很开心，它觉得这是三千年来最开心的几天。突然，刮起了一阵大风，将甘露吹走了。蜘蛛一下子觉得失去了什么，感到很寂寞和难过。

这时佛陀又来了，问蜘蛛："这一千年，你可好好想过这个问题：世间什么才是最珍贵的？"

蜘蛛想到了甘露，对佛陀说："世间最珍贵的一定是'得不到'和'已失去'。"

佛陀说："好，既然你有这样的认识，我让你到人间走一遭吧。"

就这样，蜘蛛投胎到了一个官宦家庭，成了一个富家小姐，父母为她取了个名字叫珠儿。一晃，珠儿到了十六岁了，已经成了个婀娜多姿的少女，长得十分漂亮，楚楚动人。

这一日，皇帝在后花园为新科状元郎甘鹿举行庆功宴席。来了许多妙龄少女，还有皇帝的小公主长风公主。状元郎在席间表演诗词歌赋，大献才艺，在场的少女无一不对他倾心。但珠儿一点也不紧张和吃醋，因为她知道，这是佛陀赐予她的姻缘。

过了些日子，说来很巧，珠儿陪同母亲上香拜佛的时候，正好甘鹿也陪同母亲前来。上完香拜过佛，二位长者在一边说上了话。珠儿和甘鹿便来到走廊上聊天，珠儿很开心，终于可以和喜欢的人在一起了，但是甘鹿并没有表现出对她的喜爱。

珠儿对甘鹿说："你难道不曾记得十六年前，这座寺庙前蜘蛛网上的事情了吗？"

甘鹿很诧异，说："珠儿姑娘，你漂亮，也很讨人喜欢，但你想象力未免太丰富了吧。"

说罢，和母亲离开了。珠儿回到家，心想，佛陀既然安排了这场姻缘，为何不让他记得那件事，甘鹿为何对我没有一点的感觉？

几天后，皇帝下诏，命新科状元甘鹿和长风公主完婚；珠儿和太子芝草完婚。这一消息对珠儿如同晴天霹雳，她怎么也想不通，佛陀竟然这样对她。几日来，她不吃不喝，穷究急思，灵魂行将出壳，生命危在旦夕。

太子芝草知道了，急忙赶来，扑倒在床边，对奄奄一息的珠儿说道："那日，在后花园众姑娘中，我对你一见钟情，我苦求父皇，他才答应。如果你死了，那么我也就不活了。"说着就拿起了宝剑准备自刎。

就在这时，佛陀来了，他对快要灵魂出壳的珠儿说："蜘蛛，你可曾想过，甘露（甘鹿）是由谁带你到这里来的呢？是风（长风公主）带来的，最后也是风将它带走的。甘鹿是属于长风公主的，他对你不过是生命中的一段插曲。而太子芝草是当年寺门前的一棵小草，他看了你三千年，爱慕了你三千年，但你却从没有低下头看过它。蜘蛛，我再来问你，世间什么才是最珍贵的？"蜘蛛听了这些真相之后，一下子大彻大悟了，她对佛陀说："世间最珍贵的不是'得不到'和'已失去'，而是现在能把握的幸福。"

刚说完，佛陀就离开了，蛛儿的灵魂也回位了，睁开眼睛，看到正要自刎的太子芝草，她马上打落宝剑，和太子深深地拥抱在一起……

每个人的人生中，都曾经有过许多美好的向往，这些幻想可能穷尽一生的努力也不能实现。也许正因为如此，人们才会总是认为得不到的是心目中最好的，已失去的才值得永远怀念的，也因此忽略了自己拥有的。再少的收获也比一无所获多，现在所拥有的一定比"得不到"的和"已失去"的更好，把握住自己手中拥有的吧，不要等到拥有的在漠然中失去之后，才感到弥足珍贵，才后悔自己的错失。得不到的和已失去的都不属于你，要把握自己所拥有的。

把痛苦关在门外

在某栋楼的一个楼层电梯口，电梯门开的时候，你会赫然看见一家门上挂了块木牌，上头写着两行字："进门前，请脱去烦恼；回家时，带快乐回来。"

长久凝视，细细玩味，你不禁对这家主人萌生无限感佩。短短的两句话，蕴含的却是深奥的家庭哲理。

进屋后，果见男女主人一团和气，两个孩子大方有礼，一种看不见却感觉得到的温馨、和谐，满满地充盈着整个屋内。自然问及那方木牌，女主人笑着望向男主人："你说？"

男主人则温柔地瞅着女主人："还是你说，这是你的创意。"

女主人甜蜜地笑道："应该说是我们共同的理念才对。"

经过一番推让，女主人轻缓地说："其实也没什么大学问，一开始只是提醒我自己，身为女主人，有责任把这个家经营得更好……而真正的起因，是有一回在电梯镜子里看到一张疲惫、灰暗的脸，一双紧拧的眉毛，下垂的嘴角，烦愁的眼睛……把我自己吓了一大跳，于是我想，当孩子、丈夫面对这样一张面孔时，会有什么感觉？假如我面对的也是这样的面孔，又会有什么反应？接着我想到孩子在餐桌上的沉默、丈夫的冷淡，这些原先认定是他们不对的事实背后，是不是隐藏了另一种我不了解的原因，那真正的原因，竟是我！当时我吓出一身冷汗，为自己的疏忽而后悔，当晚我便和丈夫长谈，第二天就写了一方木牌钉在门上，结果，被提醒的不只是我而是一家人……"

家是心灵的港湾，是享受自己生活的空间，是一个亲情与爱的空间，每个家庭成员的一举一动或一句话、一个表情都直接影响家庭每个成员的心情。如果把家比作是一个存储器，你把欢乐"存"进去，拥有的就是快乐，你如若把烦恼"存"进去，拥有的也就只有烦恼。不要把工作中的压力和在外面的烦恼带回家，让家中只有快乐。

家的感觉来自于家人所给予的爱

生活中常常有这样的情况：

一个女人是非常好的人，从结婚之日起就努力操持一个家。她会在清晨五点钟就起床，为一家老小做早饭；每天下午，她总是弯着腰刷锅洗碗，家里的每一只锅碗都没有一点污垢；晚上，她蹲着认真地擦地板，把家里的地板收拾得比别人家的床还要干净。

一个男人也是非常好的人。他不抽烟、不喝酒，工作认真踏实，每天准时上下班。他也是个负责任的父亲，经常督促孩子们做功课。

按理说，这样的好女人和好男人组成一个家庭应该是世界上幸福的了。

可是，他们却常常暗自抱怨自己的家不幸福。常常感慨"另一半"不理解自己。男人悄悄叹气，女人偷偷哭泣。

这个女人心想：也许是地板擦得不够干净，饭菜做得不够好吃。于是，她更加努力地擦地板，更加用心地做饭。可是，他们两个人还是不快乐。

直到有一天，女人正忙着擦地板，丈夫说："老婆，来陪我听一听音乐。"女人想说"我还有……事没做完呢"。可是话到嘴边突然停住了——她一下子悟到了世上所有"好女人"和"好男人"婚姻悲剧的根源。她忽然明白，丈夫要的是她本人，他只希望在婚姻中得到妻子的陪伴和分享。

刷锅子、擦地板难道要比陪伴自己的丈夫更重要吗？于是，她停下手上的家务事，坐到丈夫身边，陪他听音乐。令女人吃惊的是，他们开始真正地彼此需要，以前他们都只是用自己的方式爱对方，而事实上，那也许并不是对方真正需要的。

在生活方面成功的人士往往都非常重视家庭，他们知道，家的感觉更多的来自于家人所给予的爱的温暖，即使地板有一些脏，饭菜有一点儿难吃，却仍然温馨，令人甘之如饴。

执子之手，不离不弃

有一个人因为生意失败，迫不得已变卖了新购的住宅，而且连他心爱的小跑车也脱了手，改以电单车代步。

有一日，他和太太一起，相约了几对私交甚笃的夫妻出外游玩，其中一位朋友的新婚妻子因为不知详情，见到他们夫妇共乘一辆电单车来到约定地点，便冲口而出问道：

"为什么你们骑电单车来？"

众人一时错愕，场面变得很尴尬，但这位妻子不急不缓地回答：

"我们骑电单车，是因为我想在后面抱着他。"

什么是真正的爱？能够甘苦与共的夫妇，他们的爱是一种不离不弃的感情，无论生活是否顺畅。

相爱不是说出来的誓言，而是做出来的。真正的爱不管顺境抑或逆境，双方都会互相支持、共同面对。爱是发自内心的，当你时时刻刻想起当初的那份真挚的感觉，你自然知道应该怎样跟你的伴侣携手去走以后的道路。爱是不论贫穷、富有、健康、疾病都永远不离不弃的牵绊。

爱也需要独立空间

早晨，她和先生出门就分开了，她上班，他赶车，今天他出差。他隔三差五的总有那么一趟差要出，大家都习惯了。

45

上午她出门办件事，路过一家商场，便进去转了一圈。看中一件风衣，左试右试，有心想买，又怕自己看走了眼；再一看价钱，算计身边带的钱还差了一点呢，忽然想到这里离先生的单位很近，心想："打个电话叫他出来一趟吧！"既可以当参谋，又可以付钞票。说实在的，抓他这种差也不止一次两次了。

突然想起来今天他出差了，他不在这个城市。一念及此，她就放下衣服出了商场。

外面是阳光的河流、人的河流、车的河流，一个光亮、热闹、忙碌、杂乱的世界。而她突然发现她的心情跟早上有点不一样了，有点孤独无依的恐慌。

当她想到这个城市的人群中没有他，立即感到面前这个城市变得荒凉了，空旷了。她在这个城市里的奔忙还有什么意义呢？

这个城市跟她有什么关系呢？她被自己的这种情绪吓了一大跳。她已经在这个城市生活十多年，有一份很好的职业，有不算太小的朋友圈子，可是，仅仅因为他的一次例行公事的出差，离开了这个城市，就否定了这一切、否定了这个城市对她的意义！

在这一刹那间，她突然看清了自己的现状，她知道自己是一个爱着他的女人；她好像第一次看清了她的爱情、她的婚姻对于她的意义，她知道它很重要，可从没想到它重要到这个地步。

真爱是全身心的付出，却不是过分的依赖。相爱的人需要的是彼此牵挂，彼此关怀，彼此的真心付出，但不要过分的依赖爱人，要给自己一个独立的空间。因为人生的路上有许多不可预知的风雨，一旦依赖成性，你失去了自己的天空，你将无力独自面对。

爱的力量不可估量

一天，生活在山上的部落突然对生活在山下的部落发动了侵略，他们不仅抢夺了山下部落的大量财物，还绑架了一户人家的婴儿，并把他带回到山上。

可是山下部落的人们不知道怎样才能爬到山上去。他们既不知道山上部落平时走的山道在哪里，也不知道到哪里去寻找山上部落，甚至不知道如何去发现他们留下的踪迹。

尽管如此，他们还是派出了他们部落中最优秀、最勇敢的战士，希望他们能够爬到山上去，找回孩子。

他们尝试了一个又一个的方法，搜寻了一个又一个可能是山上部落留下的踪迹。尽管他们用尽了所有他们能想到的办法，但几天的艰苦努力也不过才前进了几百英尺。他们感到他们的一切努力都是无用的，没有希望的，他们决定放弃搜寻，返回山下的村庄。

正当他们收拾好所有登山工具准备返回时，他们却看到被绑架孩子的母亲正向他们走来，而且是从山上往下走。他们简直无法想象她是怎么爬上山的。

待孩子的母亲走近后，他们才看清她的背上用皮带绑着那个他们一直在寻找的孩子。哦，真是不可思议，她是怎么找到孩子的？这群部落中最优秀、最勇敢的战士都感到迷惑不解。

其中一个人问孩子的母亲："我们是部落中最强壮的男人了，我们都不能爬到那么高的山上去，而你为什么能爬上去并且找回孩子呢？"

孩子的母亲平静地答道："因为那不是你们的孩子。"

"慈母手中线,游子身上衣。"父母之爱是平凡而又伟大的。古语说:"儿行千里母担忧。"在父母眼里,我们永远都是孩子,无论儿女身在何方,总有一份浓浓的牵挂。他们的爱犹如春雨一直滋润我们成长,无论在何时何地,父母之爱都无处不在。尤其是在子女危难之中,他们会不顾一切,甚至可以创造奇迹。什么时候都不要忘了父母那深沉的爱。

第四章
梦想指引方向，忙也要看清目标

> 梦想是人生的方向，是一个人前进道路上的指明灯。不少大忙人只知忙碌却不注意方向，结果做了不少无用功。只有拥有梦想，具备强烈的进取心，找到明确的奋斗方向，合理分解完成目标，才更容易抓住机会，成就才会更大，也才能做到逐渐掌控自我命运。

抽出空来看看路，让忙碌更有效

从20世纪80年代起，比尔·盖茨每年都要进行两次为期一周的"闭关修炼"。在这一周的时间里，他会把自己关在太平洋西北岸的一处临水别墅中，闭门谢客，拒绝和包括自己家人在内的任何人见面。通过"闭关"使自己处于完全的封闭状态，完全脱离日常事务的烦扰，静心思考一些对公司、技术非常重要的问题。盖茨的"闭关"不只是一种休息方式，更是一种高效率的工作模式，是一项让整个微软公司和他自己能找准路线的重要工作。

中国古话说得好：前车之覆，后车之鉴。现实中，我们不一定知道正确的道路是什么，但时时反省却可以使我们不会在错误的道路上走得太远。有不少"穷忙族"总是抱怨自己忙，没有时间，殊不知抽出空来抬头看看路能让今后的忙碌更具成效。

一生具有明确的奋斗目标才能取得卓越的成就

爱因斯坦的一生所取得的成功，是世界公认的，他被誉为20世纪最伟大的科学家。他之所以能够取得如此令人瞩目的成绩，和他一生具有明确的奋斗目标是分不开的。

他出生在德国一个贫苦的犹太家庭，家庭经济条件不好，加上自己小学、中学的学习成绩平平，虽然有志往科学领域进军，但他有自知之明，知道必须量力而行。他进行自我分析：自己虽然总体成绩平平，但对物理和数学有兴趣，成绩较好。自己只有在物理和数学方面确立目标才能有出路，其他方面是不及别人的。因而他读大学时选读瑞士苏黎世联邦理工学院物理学专业。

由于奋斗目标选得准确，爱因斯坦的个人潜能就得以充分发挥，他在26岁时就发表了科研论文《分子尺度的新测定》，以后几年他又相继发表了四篇重要科学论文，发展了普朗克的量子概念，提出了光量子除了有波的性状外，还具有粒子的特性，圆满地解释了光电效应，宣告狭义相对论的建立和人类对宇宙认识的重大变革。取得了前人未有的显著成就。可见，爱因斯坦确立目标的重要性。假如他当年把自己的目标确立在文学上或音乐上（他曾是音乐爱好者），恐怕就难于取得像在物理学上那么辉煌的成就。

为了避免耗费人生有限的时光。爱因斯坦善于根据目标的需要进行学习，使有限的精力得到了充分的利用。他创造了高效率的定向选学法，即在学习中找出能把自己的知识引导到深处的东西，抛弃使自己头脑负担过重和会把自己诱离要点的一切东西，从而使他集中力量和智慧攻克选定的目标。他曾说过："我看到数学分成许多专门领域，每个领域都能费去我们短暂的一生。……诚然，物理学也分成了各个领域，其中每个领域都能吞噬一个人短暂的一生。在这个领域里，我不久学会了识别出那种能导致深化知识的东西，而把其他许多东西撇开不管，把许多充塞脑袋，并使其偏离主要目标的东西撇开不管。"他就是这样指导自己的学习的。

为了阐明相对论，他专门选学了非欧几何知识，这样定向选学法，使他的立论工作得以顺利进行和正确完成。

如果他没有意向创立相对论，是不会在那个时候学习非欧几何的。如果那时候他无目的地涉猎各门数学知识，相对论也未必能这么快就产生。爱因斯坦正是在10多年时间内专心致志地攻读与自己的目标相关的书和研究相关的目标；终于在光电效应理论、布朗运动和狭义相对论三个不同领域取得了重大突破。

在人生的竞赛场上,没有确立明确目标的人,是不容易得到成功的。许多人并不乏信心、能力、智力,只是没有确立目标或没有选准目标,所以没有走上成功的途径。这道理很简单,正如一位百发百中的神射手,如果他漫无目标地乱射,也不能在比赛中获胜。

一个没有进取心的人永远不会得到成功的机会

有一天,尼尔去拜访毕业多年未见的老师。老师见了尼尔很高兴,就询问他的近况。这一问,引发了尼尔一肚子的委屈。尼尔说:"我对现在做的工作一点都不喜欢,与我学的专业也不相符,整天无所事事,工资也很低,只能维持基本的生活。"

老师吃惊地问:"你的工资如此低,怎么还无所事事呢?"

"我没有什么事情可做,又找不到更好的发展机会。"尼尔无可奈何地说。

"其实并没有人束缚你,你不过是被自己的思想抑制住了,明明知道自己不适合现在的位置,为什么不去再多学习其他的知识,找机会自己跳出去呢?"老师劝告尼尔。

尼尔沉默了一会说:"我运气不好,什么样的好运都不会降临到我头上的。"

"你天天在梦想好运,而你却不知道机遇都被那些勤奋和跑在最前面的人抢走了,你永远躲在阴影里走不出来,哪里还会有什么好运。"老师郑重其事地说,"一个没有进取心的人,永远不会得到成功的机会。"

如果一个人把时间都用在了闲聊和发牢骚上,就根本不会想用行动改变现实的境况。对于他们来说，不是没有机会，而是缺少进取心。当别人都在为事业和前途奔波时，自己只是茫然地虚度光阴，根本没有想到去跳出误区，结果只会在失落中徘徊。

如果一个人安于贫困，视贫困为正常状态，不想努力挣脱贫困，那么在身体中潜伏着的力量就会失去它的效能，他的一生便永远不能脱离贫困的境地。

贫穷本身并不可怕，可怕的是这样的安于贫穷的思想，一旦这样的思想扎根心底，我们就会丢失进取心，也就永远走不出失败的阴影。

寻找前进的动力

在非洲一片茂密的丛林里走着四个皮包骨头的男子，他们扛着一只沉重的箱子，在茂密的丛林里踉踉跄跄地往前走。

这四个人是：巴里、麦克里斯、约翰斯、吉姆。他们是跟随队长马克格夫进入丛林探险的。马克格夫曾答应给他们优厚的工资。但是，在任务即将完成的时候，马克格夫不幸得病而长眠在丛林中。

这个箱子是马克格夫知道自己走不出丛林时亲手制作的。他十分诚恳地对四人说道："我要你们向我保证，一步也不离开这只箱子。如果你们把箱子送到我朋友麦克唐纳教授手里，你们将获得比金子还要贵重的东西。我想你们会送到的，我也向你们保证，比金子还要贵重的东西，你们一定能得到。"

埋葬了马克格夫以后，这四个人就上路了。但密林的路越来越难走，箱子也越来越沉重，而他们的力气却越来越小了。他们像囚犯一样在泥潭中挣扎着。一切都像在做噩梦，而只有这只箱子是实在的，是这只箱子在支撑着他们的身躯！否则他们全倒下了。他们互相监视着，不

第四章 梦想指引方向，忙也要看清目标

53

准任何人单独乱动这只箱子。在最艰难的时候，他们想到了未来的报酬是多少，当然，有了比金子还重要的东西……

终于有一天，绿色的屏障突然拉开，他们经过千辛万苦终于走出了丛林。四个人急忙找到麦克唐纳教授，迫不及待地问起应得的报酬。教授似乎没听懂，只是无可奈何地把手一摊，说道："我是一无所有啊，噢，或许箱子里有什么宝贝吧。"

于是当着四个人的面，教授打开了箱子，大家一看，都傻了眼，满满一堆无用的石头！

"这开的是什么玩笑?"约翰斯说。

"一文钱都不值，我早就看出那家伙有神经病！"吉姆吼道。

"比金子还贵重的报酬在哪里？我们上当了！"麦克里斯愤怒地嚷着。

此刻，只有巴里一声不吭，他想起了他们刚走出的密林里，到处是一堆堆探险者的白骨，他想起了如果没有这只箱子，他们四人或许早就倒下去了……

想到这里，巴里站起来，对伙伴们大声说道："你们不要再抱怨了。我们得到了比金子还贵重的东西，那就是生命！"

人是具有高级思维能力的生命，行动必须要有目的。尽管有些目的最终是无法实现，但至少它曾经给你希望，支撑了你的一段生活，因而这段生活不在无聊、悲观，使你不再觉得每天无所事事。生命的意义在于运动，而目标就是你最好的动力，请记住：一定要给自己一个明确的目标。

梦想引导人生

在一些著名人物的传记中，我们经常可以看到：他们往往要等上很多年，才能够获得成功。英国作家托尔金把自己半辈子的心血都花在他的三部曲史诗《魔戒》上。法国的萨特几乎用了10年的时间来写他的第一本书。在10年的时间当中，萨特只专心撰写这唯一的一本书，三易其稿，可是最后却遭到了所有出版商的拒绝。试想一下：如果没有一个远大的愿望和梦想支撑着他们，他们能有这么大的动力吗？如果他们没有自己的梦想作为动力，他们又怎么会牺牲自己生命中这么多宝贵的时间呢？

很多艺术家们长达几年地专攻一幅画作、一本小说或一部戏剧，他们过着完全没有保障的生活，常常陷入贫困、经济拮据，但是所有这一切他们都可以置之不顾，只为了能够使自己的梦想成真。演员、歌唱家和舞蹈家也是如此，即使经过几年的奋斗仍然不成功，但是他们却从不轻易放弃自己的理想，他们当中有许多人是过了很久才成名的。如果问他们：付出这么多艰辛值得吗？他们会回答说：必要的话，还将一直这么做下去。一个人丰富的内心世界和梦想在他人的眼里也许会显得"很古怪"，但是这恰恰是一个人真正拥有的财富。

凡是努力工作、具有创造力的人，其最终目的就是为了实现自己的愿望。如果一个人没有了自己的愿望，那他就根本不可能有什么动力。

一个人如果对自己的事业充满热爱，并选定了自己的工作愿望，就会自发地尽自己最大的努力去工作。如果一个人一生当中没有任何目标，那他最终就会迷失自己。

目标要有可行性

　　1952年7月4日清晨，加利福尼亚海岸笼罩在浓雾中。在海岸以西21英里的卡塔林纳岛上，34岁的费罗伦丝·查德威克涉水进入太平洋中，开始向加州海岸游去。要是成功了，她就是第一个游过这个海峡的妇女。在此之前，她是从英法两边海岸游过英吉利海峡的第一个妇女。那天早晨，雾很大，她连护送她的船都几乎看不到。时间一个钟头一个钟头过去，千千万万人在电视上注视着她。有几次，鲨鱼靠近了她，被人开枪吓跑了。她仍然在游。在以往这类渡海游泳中她的最大问题不是疲劳，而是刺骨的海水。15个钟头之后，她被冰冷的海水冻得浑身发麻。她的母亲和教练在另一条船上，他们告诉她海岸很近了，叫她不要放弃。但她朝加州海岸望去，除了浓雾什么也看不到。她知道自己不能再游了，就叫人拉她上船。上船后，她渐渐觉得暖和多了，这时却开始感到失败的打击。她不假思索地对记者说："说实在的，我不是为自己找借口。如果当时我看见陆地，也许我能坚持下来。"

　　人们拉她上船的地点，离加州海岸只有半英里！后来她说，真正令她半途而废的不是疲劳，也不是寒冷，而是因为在浓雾中看不到目标。查德威克一生中就只有这一次没有坚持到底。2个月之后，她成功地游过了同一个海峡。她不但是第一位游过卡塔林纳海峡的女性，而且比男子的纪录还快了大约两个钟头。

　　查德威克虽然是个游泳好手，但也需要看见目标，才能鼓足干劲完成她有能力完成的任务。因此，当你规划自己的成功时千万别低估了制定可测目标的重要性。许多人埋头苦干，却不知所为何来，到头来发现成功的阶梯搭错了方向，却为时已晚。因此，我们必须掌握真正的目标，并拟定可行性目标，澄明思想，凝聚继续向前的力量。

不能制定过分细致、周密的计划

15年前，比尔已经决定自己要做一个电脑程序员。他的妻子认为这是个好想法并且想知道他想到哪儿上学。

"我还不知道，"比尔回答说，"但是我明天将查查这些学校。"

比尔开始——查找——甚至包括外国的一些学校。他尽可能地到那些学校同学校的师生交谈。很快他对每个学校和它们的课程设置积累了大量的信息。他也开始积累所有有关公司需求和行业走向的信息。

规划是一件很复杂的事。每一所学校都有其长处和短处，比尔——审查。他觉得放弃每一种可能性都是可惜的。

毕竟他对具体的选择不是无所不知。当然，要把每一所学校的不同与整个行业、经济和社会的需求和走向相联系。比尔全面地审查，花了大量的时间去评估那些需求和趋势。当然在他挑选学校时，必须考虑如何养家糊口和与家人保持联系。在得到每一个新信息和考虑新因素时，比尔都要通盘考虑他的行动计划，花几星期、几个月甚至几年的时间对它所需要的和可能造成的后果进行调整和评估。比尔想找到成为电脑程序员的最好办法，整个1年他都在考虑。然后是整个2年、3年、4年……

一旦你对自己的目标有一个明晰的概念，你必须构造某一个你认为能够保证目标实现的行动计划。例如，如果你决定去西雅图，你必须决定怎么到那儿。你是开小车，坐巴士，坐飞机，坐船，坐火车还是它们的综合？你将采取哪一条线路？什么时候动身？什么时候抵达？等等。换言之，在为自己确定目标后，有必要将这个目标分成几个必须采取的步骤，以使目标有可能实现。计划是一个处方，这个处方描述了制作《烹饪》杂志封面上令人垂涎欲滴的菜肴的方法。这个处方将告诉你需要什么原料，什么时候添加和怎么处置它们。但是，这个处方并没有为你制作菜肴，它仅仅告诉你如何去制作。

比尔当然知道，要成为一个电脑程序员，他需要将目标分成几个必须采取的步骤。毕竟他不能仅仅走入霍尼韦尔公司，坐在电脑桌前并宣称自己是个程序员。比尔失误之处在于：他把这些行为划分为太小的单元，首先要挑选最好的计划的标准所驱使，比尔忙于收集和分析堆积如山的信息和可能性之中。比尔最终形成的计划将是全面、清晰和天衣无缝的，这当然不错，但也有可能到他做出选择时，电脑已经过时。比尔在细节中迷失了。

如此细致、周密的计划可能会造成需要和实现的大量延误，除此之外，如此狭隘、详细的计划在稍后还可能成为僵硬和失望的源泉。计划的目的是将你的行为引向某个具体的结果。但是，因为没人确切地知道未来，最详细的计划会很容易变得不合时宜。世界的不确定性决定了意外结果的存在：比尔选择的学校改变了入学要求；他计划从师的老师退休；他的妻子怀孕（并且是双胞胎）；他在现在的工作岗位上被升职或他发觉他对电脑已失去兴趣。这时怎么办？由于对他所追求的未来的可能性进行无尽的细分，将使他在一条不再与他现状相符的道路上走下去。

如果你的计划太详细，并且你要求严格地去实现，你的生活将成为一幅定格画。当你顽固地在寻找好的颜色时，你将很难对整幅画进行整体把握。你失去了动态中对画面进行调整的机会，并且如果某种颜料用完的话，你可能被迫停止工作。

分解目标，轻便走向成功路

山本是一位业绩出色的保险推销员，可是他并没有满足，而是一直都希望跻身于业绩最高者的行列。但这一切开始只不过停留在愿望之中，他从未真正争取过。直到两年后的一天，他把这个愿望不经意地告诉父亲，父亲教导他："如果让愿望更加明确，设立属于你自己的一个个路标，你才会去努力实现它。"

于是他当晚就开始设定自己希望的总业绩，然后再逐渐增加。这里提高5%，那里提高10%，结果总业绩增加了20%。这样的一种人生道路的路标设定点燃了山本的激情。从此他不论谈任何交易，都会设立一个明确的数字作为路标，并努力在一两个月之内完成。

"我觉得，自己标定的路标越是明确越感到自己对达到目标有股强烈的自信和决心。"山本说。他的计划里包括想得到的收入、地位和能力，然后，他把所有的访问都准备得充分完善，努力积累相关的业务知识，终于在这一年的年底，创造了自己业绩的新纪录。

山本给自己做了一个总结："以前，我不是不曾考虑过要扩展业绩，提高自己的工作成就。但是因为我从来只是想一想而已，没有付诸行动，所以所有的愿望都落空了。自从我明确设立了一个个小路标，以及为了切实实现目标而设定具体的数字和期限后，我才真正感受到，强大的推动力正在鞭策我去完成它。"

要获得一定的成就，就一定要发现或搞清楚你的主要人生目标是什么，你的人生主要目标，应该是一个你终生追求的方向，而绝不是自己的无知狂妄，而是引据自身能力制定的可行之道，朝着这个方向努力，标定一个个小路标，一步步走过，成功指日可待。

了解自己到底想要干什么

有一个25岁的小伙子，因为对自己的工作不满意，他跑来向柯维咨询。他对自己的生活目标是：找一个称心如意的工作，改善自己的生活处境。他生活的动机似乎不全是出自私心而且是完全有价值的。

"那么，你到底想做点什么呢？"柯维问。

"我也说不太清楚，"年轻人犹豫不决地说，"我还从没有考虑过这个问题。我只知道我的目标不是现在的这个样子。"

"那么你的爱好和特长是什么呢？"柯维接着问，"对于你来说，最重要的是什么？"

"我也不知道，"年轻人回答说，"这一点我也没有仔细考虑过。"

"如果让你选择，你想做什么呢？你真正想做的是什么？"柯维对这个话题穷追不舍。

"我真的说不准，"年轻人困惑地说，"我真的不知道我究竟喜欢什么，我从没有仔细考虑这个问题，我想我确实应该好好考虑考虑了。"

"那么，你看看这里吧，"柯维说，"你想离开你现在所在的位置，到其他地方去。但是，你不知道你想去哪里。你不知道你喜欢做什么，也不知道你到底能做什么。如果你真的想做点什么的话，那么，现在你必须拿定主意。"

柯维和年轻人一起进行了彻底的分析。柯维对这个年轻人的能力进行了测试，他发现这个年轻人对自己所具备的才能并不了解。柯维知道，对每一个人来说，前进的动力是不可缺少的，因此，他教给年轻人培养信心的技巧。现在，这位年轻人已经满怀信心踏上了成功的征途。

现在，他已经知道他到底想干什么，知道他应该怎么做。他懂得怎样才能事半功倍，他期待着收获，他也一定能获得成功——因为没有什么困难能挡住他前进的脚步。

许多人之所以在生活中一事无成，最根本原因在于他们不知道自己到底要做什么。在生活和工作中，明确自己的目标和方向是非常必要的。只有在知道你的目标是什么、你到底想做什么之后，你才能够达到自己的目的，你的梦想才会变成现实。

坚持梦想就会成功

有个叫布罗迪的英国教师，在整理阁楼上的旧物时，发现了一叠练习册，它们是皮特金中学 B2 班 51 位孩子的春季作文，题目叫《未来我是……》。他本以为这些东西在德军空袭伦敦时被炸飞了，没想到它们竟安然地躺在自己家里，并且一躺就是 25 年。

布罗迪顺便翻了几本，很快被孩子们千奇百怪的自我设计迷住了。比如：有个叫彼得的学生说，未来的他是海军大臣，因为有一次他在海中游泳，喝了 3 升海水，都没被淹死；还有一个说，自己将来必定是法国的总统，因为他能背出 25 个法国城市的名字，而同班的其他同学最多的只能背出 7 个；最让人称奇的，是一个叫戴维的盲学生，他认为，将来他必定是英国的一个内阁大臣，因为在英国还没有一个盲人进入过内阁。总之，31 个孩子都在作文中描绘了自己的未来。有当驯狗师的；有当领航员的；有做王妃的……五花八门，应有尽有。布罗迪读着这些作文，突然有一种冲动——何不把这些本子重新发到同学们手中，让他们看看现在的自己是否实现了 25 年前的梦想。当地一家报纸得知他这一想法，为他发了一则启事。没几天，书信向布罗迪飞来。他们中间有商人、学者及政府官员，更多的是没有身份的人，他们都表示，很想知道儿时的梦想,并且很想得到那本作文簿,布罗迪按地址一一给他们寄去。

一年后,布罗迪身边仅剩下一个作文本没人索要。他想,这个叫戴维的人也许死了。毕竟25年了,25年间是什么事都会发生的。

就在布罗迪准备把这个本子送给一家私人收藏馆时,他收到内阁教育大臣布伦克特的一封信。他在信中说,那个叫戴维的就是我,感谢您还为我们保存着儿时的梦想。不过我已经不需要那个本子了,因为从那时起,我的梦想就一直在我的脑子里,我没有一天放弃过;25年过去了,可以说我已经实现了那个梦想。今天,我还想通过这封信告诉我其他的30位同学,只要不让年轻时的梦想随岁月飘逝,成功总有一天会出现在你的面前。

布伦克特的这封信后来被发表在《太阳报》上,因为他作为英国第一位盲人大臣,用自己的行动证明了一个真理:假如谁能把15岁时想当总统的愿望保持25年,那么他现在一定已经是总统了。

取得成功不仅仅是确立目标,更重要的是勇敢的、持续不断地朝着这个目标前进的执著精神,两者相辅相成,缺一不可。没有明确的目标,如黑暗中转圈,缺乏执著的精神,遇到挫折容易放弃,最终摘不到胜利的果实。明确的目标和执著的精神相统一,才可以让你实现理想!

穷,也要站在富人堆里

"有一种穷人算是穷到了家。他们宁愿位列一支穷人的队伍之首做一辈子穷人,也不愿跑到一支富人的队伍之尾去做一会儿富人。"10月间到中国讲犹太商法的这个日本学者的观点很有意思。这个学者名叫手岛佑郎。讲坛由中央编译出版社搭建。

他讲的题目是《穷，也要站在富人堆里！》。先后在以色列和美国专研犹太商法已达30余年的手岛佑郎不愧是个博士。他在简要讲述犹太史和犹太圣典《塔木德》、讲述它们与《穷，也要站在富人堆里！》的关系之前，先说起了两个极短的故事。

在每一个犹太人家里，当小孩稍稍懂事时，母亲就会翻开圣典，点一滴蜂蜜在上面，然后叫小孩子去吻经书上那滴蜂蜜。

犹太人的孩子几乎都要回答母亲同一个问题："假如有一天，你的房子突然起火，你会带什么东西逃跑？"如果孩子回答是钱或钻石，那么母亲会进一步问："有一种无形、无色也无气味的宝贝，你知道是什么吗？"要是孩子答不出来，母亲就会说："孩子，你应带走的不是别的，而是这个宝贝，这个宝贝就是智慧。智慧是任何人都抢不走的。你只要活着，智慧就永远跟随着你。"

手岛佑郎一一列举了犹太商法的32种智慧。这时，一个迟到的听众递上一张纸条，问什么是犹太商法。

手岛佑郎大声说：我在解释之前，先向你提三个问题吧。

第一个问题，如果有两个犹太人掉进了一个大烟囱，其中一个身上满是烟灰，而另一个却很干净，那么他们谁会去洗澡？

"当然是那个身上脏的人！"

"错！那个被弄脏的人看到身上干净的人，认为自己一定也是干净的，而干净的人看到脏人，认为自己可能和他一样脏，所以是干净的人要去洗澡。"

第二个问题，他们后来又掉进了那个大烟囱，情况和上次一样，哪一个会去澡堂？

"这还用说吗，是那个干净的人！"

"又错了！干净的人上一次洗澡时发现自己并不脏，而那个脏人则明白了干净的人为什么要去洗澡，所以这次脏人去了。"

第四章 梦想指引方向，忙也要看清目标

63

第三个问题，他们再一次掉进大烟囱，去洗澡的是哪一个？

"是那个脏人？不，是那个干净的人！"

"你还是错了！你见过两个人一起掉进同一个烟囱，结果一个干净、一个脏的事情吗？"

黑压压的听众一时寂静，只有手岛佑郎的声音在回响着："这就是犹太商法，这就是《穷，也要站在富人堆里！》的灵魂！穷是一种切肤没齿的感受，富是一种矜持倨傲的状态。穷人赞羡富人积累财富的结果，却忽略了富人通达财路的智慧。

穷到富的转变是大多数人憧憬的，但没有致富的思想和手段，富有殷实只是聊以自慰的幻想。穷人不能只是慨叹命运不济。穷人只有站在富人堆里，汲取他们致富的思想，比肩他们成功的状态，才能真正实现致富的目标。"

手岛佑郎一口气说完，现场立即响起热烈的掌声。当手岛佑郎宣布想进一步了解详情的人可以申领他的《穷，也要站在富人堆里！》讲义的时候，掌声再次响起来，以致手岛佑郎的声音被淹没了。

很多人工作很努力，人也非常聪明，可是他们依旧很穷。原因在哪里？原因就在我们没有用富人的眼光看问题，我们还停留在穷人的境界里。穷，也要站在富人堆里！就是因为我们穷，所以我们才要向富人学习。

理想远大你就不再卑微

从前，在某个山岗上，三棵小树站在上面，梦想长大后的光景。

第一棵小树仰望天空，看着闪闪发光的繁星。"我要承载财宝，"它说，"要被黄金遮盖，载满宝石。我要成为世上最美丽的藏宝箱！"

第二棵小树低头看着流往大海的小溪。"我要成为坚固的船,"它说,"我要遨游四海,承载许多强大的国王,我将成为世上最坚固的船!"

第三棵小树看着山谷上面,以及在市镇里忙碌来往的男女,"我要长得够高大,以致人们抬头看我时,也将仰视天空,想到神的伟大,我将成为世上最高的树!"

许多年过去,经过日晒雨淋之后,小树皆已长大。

一天,伐木者们来到山上。第一位伐木者看到第一棵树说:"这一棵树很美,最合我意。"于是利斧一挥,第一棵树倒下了。"我要成为一只美丽的藏宝箱,"第一棵树想,"我将承载财富。"

第二位伐木者看着第二棵树说:"这一棵树很强壮,最合我意。"利斧一挥,第二棵树也倒了下来。"现在我将遨游四海,"第二棵树想,"我将成为坚固的船,承载许多国王!"

当第三位伐木者朝第三棵树看时,它的心顿时下沉,它直立在那里,勇敢地指向天空。但第三位伐木者根本不往上看。"任何树我都合用。"他自言自语地说。利斧一挥,第三棵树倒了下来。

当伐木者把第一棵树带到木匠房里,它很高兴,但木匠准备做的不是藏宝箱。他那粗糙的双手把第一棵树造成一个给动物喂食的料槽。曾经美丽的树木可承载黄金或宝石,但如今它被铺上木屑,里面装着给牲畜吃的干草。

第二棵树在伐木者把它带到造船厂时发出微笑,但造成的不是一条坚固的大船。反之,那一度强壮的树被做成一条简单的渔船。这条船太小也太脆弱,甚至不适合在河流上航行,它被带到一个湖里。每天它承载的均是气味四溢的死鱼。

第三棵树被伐木者砍成一根坚固的木材,并且放在木材堆场内,它心里困惑不已。"到底是怎么一回事?"曾经高大的树自问,"我的志愿

第四章 梦想指引方向,忙也要看清目标

65

是站在高山上，指向神。"

许多昼夜过去，这三棵树都几乎忘记了它们的梦想。

一天晚上，当金色的星光倾注在第一棵树上面，一位少妇把她的婴孩放在料槽里。"我希望能为他造一张摇床。"她的丈夫低声说。母亲微笑着捏一捏他的手，星光照耀在那光滑坚固的木头上面。"这马槽很美。"她说。忽然，第一棵树知道它承载着世上最大的财富。

一天晚上，一位疲倦的旅客和他的朋友走上那旧渔船。当第二棵树安静地在湖面航行时，那旅客睡着了。不久强烈的风暴开始侵袭。小树摇撼不已，它知道自己无力在风浪中承载许多人到达彼岸。疲倦的旅人醒过来，站着向前伸手说："安静下来。"风浪顿时止住。忽然，第二棵树明白过来，它正承载着天地的君王。

星期五早上，第三棵树惊讶地发现它竟从被遗忘的木材堆中被拉出来。它被带到一群愤怒不已的人群面前，它感到畏缩。当他们把一个男人钉在它上面时，它更是颤抖不已。它感到丑陋、严酷、残忍。但在星期天早晨，当太阳升起，大地在它之下欢喜震动时，第三棵树知道神的爱改变了一切。

神的爱使第一棵树美丽；神的爱使第二棵树坚强；每次当人们想到第三棵树时，他们便想到神。这样比成为世上最高大的树更好。

小时候，每个人有过远大的理想，你可能曾经想成为一名诗人，或者成为一位元帅，再或者成为一名宇航员……那时正值年少轻狂。渐渐长大，发现大多数人都是平凡人，目标会渐渐萎缩。其实你不该放弃，想成为诗人的人，你的生活会是壮丽的诗篇；想成为元帅的人，你的思想中会有百万雄兵；想成为宇航员的人，你的胸中会有广阔的蓝天……只要有远大的目标，你也许平凡，但绝不卑微。

别让现实磨平了理想

　　1854年初，湘军练成水陆之师1.7万人，会师湘潭；他撰檄文声讨太平天国，誓师出战，向西征的太平军进攻。结果曾国藩遭遇了打仗很硬的石达开。初败于岳州、靖港，他愤不欲生，第一次投水自杀，被左右救起。后在湘潭获胜，转入反攻，连陷岳州、武汉。继之三路东进，突破田家镇防线，兵锋直逼九江、湖口。后水师冒进，轻捷战船突入鄱阳湖，为太平军阻隔，长江湘军水师连遭挫败，曾国藩率残部退至九江以西的官牌夹，其座船被太平军围困。曾国藩第二次投水自杀，被随从捞起，只得退守南昌。

　　在又一次被敌人打败之后，京师催报战况，无奈之下，他向京师如实上奏，一方面报告情况，一方面寻求对策，要求援兵。当时他在奏章写了这样一句话，"臣屡战屡败，有愧圣恩……"，他的幕僚周中华看到这个奏章后，觉得不妥，提笔在手，便在曾国藩所写"屡战屡败"四字旁落笔又写下四个字"屡败屡战"！这四个字仅仅是顺序的改变，顿时将原本败军之将的狼狈变为英雄的百折不挠。同样的四个字，不同的用法，高低之分立见，而其中之含义更是天差地别，迥然有异。

　　曾国藩见周中华写出这四个字后，沉思良久，终于眉头舒展，露出微笑，道："中华果然奇才，这颠倒之间，便有了不同的意境，当真一字千金，老朽自愧不如！"

　　周中华淡淡一笑，道："恩师学究天人，只是身在局中、关心则乱，中华游戏文字，不值一哂。"他顿了顿又说道："学生以为，恩师此后征剿'逆匪'，恐难毕其功于一役。百战艰难，胜败乃兵家常事，当以此'屡败屡战'为铭，方可逢凶化吉，遇难呈祥。"这就如同弈棋一

第四章　梦想指引方向，忙也要看清目标

般,关键一步,满盘皆活。有了"屡败屡战"这一主旨,曾国藩运笔如飞,旋即将一份奏折拟好。

在奏折中,曾国藩详尽叙述了他如何在叛匪大军进逼下,独立支撑,屡败屡战,最后把握战机,果断进攻,终于在湘潭大败敌军。由此一来,靖港之败只不过成了"屡败"之中的一次小败,而湘潭大捷则变成为曾国藩苦心经营的结果。

自太平军造反作乱至今,朝廷军队吃的败仗已经数不胜数,多一个不为多,少一个也算不了什么,但是类似湘潭大捷这样的胜仗,确实凤毛麟角,少而又少,对于此时颓废的形势,无异于一支"强心针",有振聋发聩之功效!未曾花费朝廷的粮饷,而能有这样一支精兵,自然要当成"典型"来宣传、褒奖。于是,咸丰皇帝接到奏章后,亲自拟定上谕,对于此前湘军的溃败,对于岳州和靖港之战则轻轻带过,未予深究,却着实嘉奖了湘潭大捷。与此同时授权曾国藩,可以视军务之需,调遣湖南境内巡抚以下所有官员,可单线奏事、举荐弹劾!

这一来,惨败了数次,最后还差点自杀的曾国藩不但在与太平军的战争上打了一个大胜仗,更在湖南官场全面翻身,笑到了最后!此后,曾国藩用兵更加稳慎,战前深谋远虑,谋定后动,"结硬寨,打呆战",宁迟勿速,不用奇谋,最终平定了太平天国运动。

这个故事本身说的是智慧,但我们可以由此想得到,屡败屡战是挫折中的执著,不气馁,是希望,是勇气。人成长的过程中,总会遭遇失败,在失败中不要被挫折击倒,决不要轻言放弃。失败对未来而言,是学习和吸取教训的机会,是下一次努力的台阶。只有这样的人,才能在愿望多次受到挫折以后克服内心的恐惧和障碍,从而具备了顽强的意志和高远的智慧,成为"屡败屡战"的斗士,最终才会走向成功。

雄鹰就要展翅飞翔

有一个学电子专业的大学生，毕业时被分配到一个让许多人羡慕的政府机关，干着一份十分轻松的工作。然而时间不长年轻人开始变得郁郁寡欢，原来年轻人的工作虽轻松但与所学专业毫无关系，要知道年轻人可是电子专业的高才生啊，空有一身本事却无用武之地。他想辞职外出闯天下，但内心深处却十分留恋眼下这一份稳定又有保障的舒适工作，要知道外面的世界虽然很精彩可是风险也大啊！经过反复思量他仍拿不定主意，于是他就将自己的想法告诉父亲，他的父亲听后想了一会儿，给他讲了一个故事：

有一个乡下的老人在山里打柴时，拾到一只很小的样子怪怪的鸟，那只怪鸟和出生刚满月的小鸡一样大小，也许因为它实在太小了，还不会飞，老人就把这只怪鸟带回家给小孙子玩耍。

老人的孙子很调皮，他将怪鸟放在小鸡群里，充当母鸡的孩子，让母鸡养育着。母鸡没有发现这个异类，全权负起一个母亲的责任。

怪鸟一天天长大了，后来人们发现那只怪鸟竟是一只鹰，人们担心鹰再长大一些会吃鸡。然而人们的担心是多余的，那只一天天长大的鹰和鸡相处得很和睦，只是当鹰出于本能在天空展翅飞翔再向地面俯冲时，鸡群出于本能会产生恐慌和骚乱。

时间久了，村里的人们对于这种鹰鸡同处的状况越来越看不惯，如果哪家丢了鸡，便首先会怀疑那只鹰，要知道鹰终归是鹰，生来是要吃鸡的。愈来愈不满的人们一致强烈要求：要么杀了那只鹰，要么将它放生，让它永远也别回来。因为和鹰相处的时间长了，有了感情，这一家人自然舍不得杀它，他们决定将鹰放生，让它回归大自然。

69

然而他们用了许多办法都无法让那只鹰重返大自然，他们把鹰带到很远的地方放生，过不了几天那只鹰又飞回来了，他们驱赶它不让它进家门，他们甚至将它打得遍体鳞伤……许多办法试过了都不奏效。最后他们终于明白：原来鹰是眷恋它从小长大的家园，舍不得那个温暖舒适的窝。

后来村里的一位老人说：把鹰交给我吧，我会让它重返蓝天，永远不再回来。老人将鹰带到附近一个最陡峭的悬崖绝壁旁，然后将鹰狠狠向悬崖下的深涧扔去，如扔掉一块石头。那只鹰开始也如石头般向下坠去，然而快要到涧底时它终于展开双翅托住了身体，开始缓缓滑翔，然后轻轻拍了拍翅膀，就飞向蔚蓝的天空，它越飞越自由舒展，越飞动作越漂亮，这才叫真正的翱翔，蓝天才是它真正的家园啊！它越飞越高，越飞越远，渐渐变成了一个小黑点，飞出了人们的视野，永远地飞走了，再也没有回来。

听了父亲的故事，年轻人痛下决心，辞去了公职外出闯天下，终于干出了一番事业。

其实我们每个人又何尝不像那只鹰一样，总是对现有的东西不忍放弃，对舒适平稳的生活恋恋不舍？一个人要想让自己的人生有所转机，就必须懂得在关键时刻把自己带到人生的悬崖，给自己一个悬崖其实就是给自己一片蔚蓝的天空啊。

自己命运自己做主

有一个经理，他把全部财产投资在一种小型制造业，结果由于世界大战的爆发，他无法取得他的工厂所需要的原料，因此只好宣告破产。

事业的失败与金钱的丧失，使他大为沮丧。于是他离开妻子儿女，成为一名流浪汉。他对于这些损失无法忘怀，而且越来越难过。到最后，甚至想要跳湖自杀。

一个偶然的机会，他看到了一本名为《自信心》的书。这本书给他带来勇气和希望，他决定找到这本书的作者，请作者帮助他再度站起来。

当他找到作者，说完他的故事后，那位作者却对他说："我已经以极大的兴趣听完了你的故事，我希望我能对你有所帮助，但事实上，我却绝无能力帮助你。"

他的脸立刻变得苍白，他低下头，喃喃地说道："这下子完蛋了。"

作者停了几秒钟，然后说道："虽然我没有办法帮你，但我可以介绍你去见一个人，他可以协助你东山再起。"

刚说完这几句话，流浪汉立刻跳了起来，抓住作者的手，说道："看在老天爷地份上，请带我去见这个人。"

于是作者把他带到一面高大的镜子面前，用手指着说："我介绍的就是这个人。在这世界上，只有这个人能够使你东山再起。除非坐下来，彻底认识这个人，否则你只能跳到密歇根湖里。因为在你对这个人作充分的认识之前，对于你自己或这个世界来说，你都将是个没有任何价值的废物。"

他朝着镜子向前走几步，用手摸摸他长满胡须的脸孔，对着镜子里的人从头到脚打量了几分钟，然后退几步，低下头，开始哭泣起来。

几天后，作者在街上碰见了这个人时，几乎认不出来了。他的步伐轻快有力，头抬得高高的。他从头到脚打扮一新，看来是很成功的样子。"那一天我离开你的办公室时还只是一个流浪汉。我对着镜子找到了我的自信。现在我找到了一份年薪三千美元的工作。我的老板先预支一部分钱给我家人。我现在又走上成功之路了。"他还风趣地对作者说："我正要前去告诉你，将来有一天，我还要再去拜访你一次。我将带一

71

张支票,签好字,收款人是你,金额是空白的,由你填上数字。因为你使我认识了自己,幸好你要我站在那面大镜子前,把真正的我指给我看。"

求人不如求己。别人或许可以给你一时的帮助,但关键的事还得靠自己去做。一定要相信自己能够做好,这是一个人做事情与活下去的动力,没有了这种信心,你就不能认识自己,不敢去面对一切。只有相信自己才不会半途而废,才能一步步走向成功。

全力以赴地挑战命运

麦吉对于他遭遇的第一次意外,已全无记忆。他只记得那是10月一个温暖的晚上。麦吉当时22岁,刚从著名的耶鲁大学戏剧学院毕业。他聪明英俊,人缘很好,踢美式足球及演戏剧都表现突出,正是意气风发的好时光。

那辆18吨重的车从第五大道第34街驶出来时,麦吉一点都没看见。他记得的下一件事,就是醒来时自己身在加护病房,左小腿已经切去。

其后8年,麦吉全力以赴,要把自己锻炼成全世界最优秀的独腿人。他康复期间饱受疼痛折磨,但从不抱怨,终于熬过来,开始在舞台和电视上演出,也交过不少女朋友。

失去左腿后不到1年,他开始练习跑步,不久便常去参加10公里赛跑。随后又参加纽约马拉松赛和波士顿马拉松赛,成绩打破了伤残人士组纪录,成为全世界跑得最快的独腿长跑运动员。

接着他进军三项全能。那是一项极其艰难的运动,要一口气游泳3.85公里、骑脚踏车180公里、跑42公里的马拉松。这对只有一条腿的麦吉来说，无疑是一个巨大的挑战。

1993年6月的一个下午，麦吉在南加州的三项全能运动比赛中，骑着脚踏车以时速56公里疾驰，带领一大群选手穿过米申别荷镇，群众夹道欢呼。突然间，麦吉听到群众尖叫声。他扭过头，只见一辆黑色小货车朝他直冲过来。

其时，比赛场地周围马路已几乎全部封锁，几个并未封锁的一字路口也有警察把守，没人知道是什么缘故，让这辆小货车闯了进来。

麦吉对于这次挨撞可记得一清二楚。他记得群众尖叫，记得自己的身体飞越马路，一头撞在电灯柱上，颈椎"啪"地折断。他还记得自己被抬上救护车，随后他昏了过去。

麦吉接受紧急脊椎手术后醒来时，发现自己躺在重伤病房，一动也不能动。他清楚记得周围的护士个个都流着眼泪，一再说："我们很难过。"

麦吉四肢瘫痪了，那时才30岁。

麦吉的四肢都因颈椎折断而失去功能，但仍保存少量神经活动，使他能稍微动一动—手臂能抬起一点点，坐在轮椅上身子可以前倾，双手能做一些简单动作，双腿有时能抬起两三厘米。

麦吉知道四肢尚有感觉时，有点激动。因为这意味着他有了独立生活的可能，无须24小时受人照顾。经过艰苦锻炼，自认为"很幸运"的麦吉渐渐进步到能自己洗澡、穿衣服、吃饭，甚至开经过特别改装的车子。医生对此都大感惊奇。

医院对脊椎重伤病人的治疗，好似施行酷刑。他们先给麦吉装上头环：那是一个钢环，直接用螺钉装在颅骨上，然后把头环的金属撑条连接到夹在麦吉身体两侧的金属板上，以固定麦吉的脊椎。安装头环时只能局部麻醉，医生将螺钉拧进麦吉的前额时，麦吉痛得直惨叫。

护士常来给麦吉抽血，或者把头环的螺钉拧牢。每次有人碰到他，

第四章 梦想指引方向，忙也要看清目标

73

他都痛得尖叫。他觉得自己没有了自我，没有过去，没有将来，也没有希望。

两个月后，头环拆掉，麦吉被转送到科罗拉多州一家复健中心。在他那层楼里，住的全是最近才四肢或下（禁止）瘫痪的病人。他发觉原来有那么多人和他命运相同。眼前的处境也并不陌生，伤残、疼痛、失去活动能力、复健、耐心锻炼——所有这些他都经历过。

于是，他过去顽强不屈、永不向命运低头的精神又回来了。他对自己说："你是过来人，知道该怎样做。你要拼命锻炼，不怕苦，不气馁，一定要离开这鬼地方。"

其后几个月，麦吉再度变得斗志昂扬，康复速度之快，出乎所有人预料。

脖子折断之后仅仅6个月，他便重返社会，再开始独立生活，又大约6个月之后，他在一次三项全能运动员大会上，以《坚忍不拔和人类精神力量》为题，发表了一篇激动人心的演说，事后人人都围着他，称赞他勇敢。"麦吉真行！"大家异口同声地说。

即使复原过程起先顺利，病人迟早会遇上一道墙：复健中止，残酷的现实浮现。麦吉就撞上了这道墙。当时他身体可复原的已复原了，不管怎样努力，有些事实始终无法改变：手臂永远不可能再抬到高过头顶，而且他永远不能再走路了。

麦吉明白了这一点之后，向来不屈不挠的他也泄气了。

1996年，麦吉获得380万美元赔偿金，决定迁居夏威夷。当时他对朋友说，去那里是为了写回忆录。其实，完全是为了逃避。麦吉有个不想让任何人知道的秘密：他染上了毒瘾。他脖子折断之后两年左右，认识了一个女人，那女人递给他一些可卡因，同情地说："试试这个吧。你苦够了，没人会怪你这么做。"

麦吉心想："对啊，没人会怪。"

一天凌晨，麦吉吸毒之后，转着轮椅来到一条寂静公路的中央。那是阿里道，他曾在这条公路上跑过马拉松。

麦吉曾在阿里道赢得辉煌胜利，而这时却在道上思量去哪里再弄些可卡因。他知道该下决定了：要死还是要活？"我才33岁，不想离开这个世界，"他想，"当然我也不想四肢瘫痪，但既然无法改变这事实，只好学会那样子好好活下去。"

他不知道下一步该怎样做，但有一点很清楚：要是继续沉沦，完蛋定了。于是，他试着从另一角度看自己的问题："也许我的遭遇并非坏事，而是上天给我的美妙赏赐，令我有机会真正了解自己。"

从此，他彻底改变了。

目前麦吉住在新墨西哥州圣菲市。天气好的早晨，他会从床上下来，插上导管，来个淋浴，穿上衣服，准备离开寓所。这一切，他不用3小时就能完成。然后他到体育馆去锻炼一两小时，例如在水里步行、骑健身脚踏车。

他也会埋头撰写论文，主题是神话史上的伤残男性。如今，他正在加州圣芭芭拉市帕西菲卡克研究所攻读神学博士学位。

只要你不屈服，不向命运低头，就能够把握命运，战胜一切障碍。只要你有这种决心，任何时候想要走出生命的泥潭都不算晚。

别让生活将你击倒

在一次讨论会上，一位著名的演说家没讲一句开场白，手里却高举着一张20美元的钞票。面对会议室里的200个人，他问："我打算把这20美元送给你们中的一位，谁愿意要这20美元？"一只只手举了起来。

他接着说："但在把它给你之前，请准许我做一件事。"他说着将钞票揉成一团，然后问："谁还要。"仍有人举起手来。

他又说："那么，假如我这样做又会怎么样呢？"他把钞票扔到地上，又踏上一只脚，并且用脚碾它。尔后他拾起钞票，钞票已变得又脏又皱。"现在谁还要？"还是有人举起手来。

"朋友们，你们已经上了一堂很有意义的课。无论我如何对待那张钞票，你们还是想要它，因为它并没贬值。它依旧是20美元。"

不论是谁，在人生路上都会遇到各种各样的坎坷、挫折、不幸……你或许会被打击得几乎崩溃，甚至对生活失去信心。但你要相信自己：你就是你，不会因为你的经历而改变，不要觉得自己似乎一文不值，无论发生什么，或将要发生什么，你永远不会丧失存在的价值。价值不依赖你的所作所为，而是取决于你自身！

第五章
打好品行基础，忙人更易成功

品德是心灵之根本，是良知之基础，使你明白事理，判断是非，为善去恶；也是别人对你的一个衡量标准，好的人品不仅让你可以得到周围人善意的对待，还能让你在做事的时候事半功倍。自尊自爱、公正、慷慨、宽容等品德，在我们面临人生重要抉择之时便成为决定成功与否的首要因素，打好品行基础，忙人更易成功。

在任何情况下都要维护人格的尊严

布朗的母亲是他7岁那年去世的，继母来到他家的那一年，小布朗11岁了。

刚开始，布朗不喜欢她，大概有两年的时间他没有叫她"妈"，为此，父亲还打过他。可越是这样，布朗越是在情感中有一种很强烈的抵触情绪。然而，布朗第一次喊她"妈"，却是在他第一次也是唯一的一次挨她打的时候。

一天中午，布朗偷摘人家院子里的葡萄时被主人给逮住了，主人的外号叫"大胡子"，布朗平时就特别畏惧他，如今在他的跟前犯了错，他吓得浑身直哆嗦。

大胡子说："今天我也不打你不骂你，你只给我跪在这里，一直跪到你父母来领人。"

听说要自己跪下，布朗心里确实很不情愿。大胡子见他没反应，便大吼一声："还不给我跪下！"

迫于对方的威慑，布朗战战兢兢地跪了下来。这一幕，恰巧被他的继母给撞见了。她冲上前，一把将布朗提起来，然后，对大胡子大叫道："你太过分了！"

继母平时是一个没有多少言语的性格内向之人，突然如此震怒，让大胡子这样的人也不知所措。布朗也是第一次看到继母性情中另外的一面。

回家后，继母用枝条狠狠地抽打了两下布朗的屁股，边打边说："你偷摘葡萄我不会打你，哪有小孩不淘气的！但是，别人让你跪下，你就真的跪下？你不觉得这样有失人格吗？不顾自己人格的尊严，将来怎么成人？将来怎么成事？"继母说到这里，突然抽泣起来。布朗尽管只有13岁，但继母的话在他的心中还是引起了震撼。他猛地抱住了继母的臂膀，哭喊道："妈，我以后再不这样了。"

自尊自强是一个人的身价标签，一个人如果自己都不尊重自己，又如何能得到他人的尊重敬仰，想要他人看重自己，首先从严守自我人格尊严开始。

帮助别人解脱

纪伯伦年轻的时候，曾经拜访过一位圣人。这位圣人住在山那边一个幽静的林子里。正当纪伯伦和圣人谈论着什么美德的时候，一个土匪瘸着腿吃力地爬上山岭。他走进树林，跪在圣人面前说："啊，圣人，请你解脱我的罪过。我罪孽深重。"

圣人答道："我的罪孽也同样深重。"

土匪说："但我是盗贼。"

圣人说："我也是盗贼。"

土匪又说："但我还是个杀人犯，多少人的鲜血还在我耳中翻腾。"

圣人回答说："我也是杀人犯，多少人的热血也在我耳中呼唤。"

土匪说："我犯下了无数的罪行。"

圣人回答："我犯下的罪行也无法计算。"

土匪站了起来，他两眼盯着圣人，露出一种奇怪的神色。然后他就离开了我们，连蹦带跳地跑下山去。

纪伯伦转身去问圣人："你为何给自己加上莫须有的罪行？你没有看见此人走时已对你失去信任？"

圣人说道："是的，他已不再信任我。但他走时毕竟如释重负。"

正在这时,他们听见土匪在远处引吭高歌,回声使山谷充满了欢乐。

有时,在与人交往中,我们需要做的是安慰别人,而不是标榜自己。为了能够让别人快乐,自己忍受一些误解,又有什么关系呢?

责怪他人之前先弄清真相

杰克斯讲了自己的一个经历:上星期五我闹了一个笑话。我去伦敦买了点东西。我是去买圣诞节礼物的,也想为我大学的专业课找几本书。那天我是乘早班车去伦敦的,中午刚过不久我要买的都买好了。我不怎么喜欢呆在伦敦,太嘈杂,交通也太挤,此外那晚上我已经作好了安排,于是我便搭乘出租汽车去滑铁卢车站。说实在的,我本来坐不起出租车,只是那天我想赶3:30的火车回去。不巧碰上交通堵塞,等我到火车站时,那趟车刚开走了。我只好呆了一个小时等下趟车。

我买了一份《旗帜晚报》,漫步走进车站的校部。在一天的这个时候校部里几乎空无一人,我要了一杯咖啡和一包饼干——巧克力饼干。我很喜欢这种饼干。空座位有的是,我便找了一个靠窗的。我坐下来开始做报上登载的纵横填字游戏。我觉得做这种游戏很有趣。

过了几分钟来了一个人坐在我对面,这个人除了个子很高之外没有什么特别的地方。可以说他样子很像一个典型的城里做生意的人——穿一身暗色衣服,带一个公文包。

我没说话,继续边喝咖啡边做我的填字游戏。忽然他伸过手来,打开我那包饼干,拿了一块在他咖啡里蘸了一下就送进嘴里。我简直难以相信自己的眼睛!我吃惊得说不出话来。

不过我也不想大惊小怪,于是决定不予理会。我总是尽量避免惹麻烦。我也就拿了一块饼干,喝了一口咖啡,再回去做我的填字游戏。

这人拿第二块饼干时我既没抬头也没吱声。我假装对游戏特别感兴趣。过了几分钟我不在意地伸出手去,拿来最后一块饼干,瞥了这人一眼。他正对我怒目而视。

我有点紧张地把饼干放进嘴里,决定离开。正当我准备站起身来走的时候,那人突然把椅子往后一推,站起来匆匆走了。我感到如释重负,准备呆两三分钟再走。我喝完咖啡,折好报纸站起身来。这时,我突然发现就在桌上我原来放报纸的地方摆着我的那包饼干。

我刚才喝的咖啡马上都变成了汗水流了出来……

不论什么在什么情况下,当我们要责怪别人的时候,一定要先检讨下自己,搞清真相,即使责任在对方,我们也可以采取更宽容些的态度。

最好的消息

阿根廷著名的高尔夫球手罗伯特·德·温森多是一个非常豁达的人。

有一次温森多赢得一场锦标赛。领到支票后,他微笑着从记者的重围中走出来,到停车场准备回俱乐部。这时候一个年轻的女子向他走来。她向温森多表示祝贺后又说她可怜的孩子病得很重——也许会死掉——而她却不知如何才能支付起昂贵的医药费和住院费。

温森多被她的讲述深深打动了,他二话没说,掏出笔,在刚赢得的支票上飞快地签了名,然后塞给那个女子,说:"这是这次比赛的资金。祝可怜的孩子早点康复。"

一个星期后,温森多正在一家乡村俱乐部进午餐,一位职业高尔夫

第五章 打好品行基础,忙人更易成功

81

球联合会的官员走过来,问他前一周是不是遇到一位自称孩子病得很重的年轻女子。

"是停车场的孩子们告诉我的。"官员说。

温森多点了点头,说有这么一回事,又问:"到底怎么啦?"

"哦,对你来说这是一个坏消息,"官员说,"那个女子是个骗子,她根本就没有什么病得很重的孩子。她甚至还没有结婚哩!你让人给骗了!"

"你是说根本就没有一个小孩子病得快死了?"

"是这样的,根本就没有。"官员答道。

温森多长吁了一口气,然后说:"这真是我一个星期以来听到的最好的消息。"

美国教育者威廉·菲尔说:"真正的快乐,不是依附外在的事物上。池塘是由内向外满溢的,你的快乐也是由内在思想和情感中泉涌而出的。如果,你希望获得永恒的快乐,你必须培养你的思想,以有趣的思想和点子装满你的心,因为,用一个空虚的心灵寻找快乐,所找到的,也只是快乐的替代品。"

真正的成功也不仅是事业上的称心如意,更是心灵的完美淬炼,有美好品行的成功者也更让人钦佩。

应有的品质和高尚的品质

从前有一个富翁,他有三个儿子,在他年事已高的时候,富翁决定把自己的财产全部留给三个儿子中的一个。可是,到底要把财产留给哪一个儿子呢?富翁想出了一个办法:他要三儿子都花一年时间去游历世界,回来之后看谁做到了最高尚的事情,谁就是财产的继承者。一年时间很快就过去了，三个儿子陆续回到家中，富翁要三个人都讲一讲自己的经历。

大儿子得意地说："我在游历世界的时候，遇到了一个陌生人，他十分信任我，把一袋金币交给我保管，可是那个人却意外去世了，我就把那袋金币原封不动地交还给了他的家人。"

二儿子自信地说："当我旅行到一个贫穷落后的村落时，看到一个可怜的小乞丐不幸掉到湖里了，我立即跳下马，从河里把他救了起来，并留给他一笔钱。"

三儿子犹豫地说："我，我没有遇到两个哥哥碰到的那种事，在我旅行的时候遇到了一个人，他很想得到我的钱袋，一路上千方百计地害我，我差点死在他手上。可是有一天我经过悬崖边，看到那个人正在悬崖边的一棵树下睡觉，当时我只要抬一抬脚就可以轻松地把他踢到悬崖下，我想了想，觉得不能这么做，正打算走，又担心他一翻身掉下悬崖，就叫醒了他，然后继续赶路了。这实在算不了什么有意义的经历。"

富翁听完三个儿子的话，点了点头说道："诚实、见义勇为都是一个人应有的品质，称不上是高尚。有机会报仇却放弃，反而帮助自己的仇人脱离危险的宽容之心才是最高尚的。我的全部财产都是老三的了。"

恩将仇报的人和事是屡见不鲜的；有机会报仇却放弃，反而帮助自己的仇人脱离危险的人和事并不多见。但只有这么宽容和豁达的人，才能享受人生的最高境界。

超越成败得失是一种更大意义上的成功

1997年3月的一场英超联赛中,利物浦对阵阿森纳队,此场比赛对双方都很重要,败者将与冠军无缘。当比赛进行到63分钟时,利物浦的前锋罗比·福勒带球高速突破对方禁区,前面只有阿森纳的守门员希曼。为了避免冲撞到像疯了似的完全不顾自身安危、倒地扑球的对方守门员希曼,福勒在完全有把握将球射入对方龙门的一刹那放弃了射门。由于福勒带球突破时速度太快,又突然收得太急,他的身体失去了平衡而摔倒在地。

裁判以为是希曼把福勒扑倒的,作出了点球的处罚并出示了红牌将希曼罚出场外。面对这种判罚,进攻的球员都感到庆幸,可福勒却向裁判再三解释,声明希曼并没有碰到他,是他自己倒下的,请求裁判收回处罚。裁判被他这种崇尚公平、公正的气度所折服,修改了判罚,收回了红牌,但保持点球的判罚。福勒主罚点球时,他漫不经心地做了一个"温柔"的射门,故意将球正正地踢向希曼的胸前。

进球对一个职业足球运动员来说意味着荣誉,而福勒因崇尚竞技公平、公正和对生命的珍爱而放弃了两次进球的机会。在这场比赛中,全场观众对福勒所表现出的人性美和崇高的体育风范而鼓掌欢呼!他赢得了精彩,赢得了美德,赢得了所有人的尊敬。在生活中也是如此,争取胜利是十分重要的,但是在需要发扬崇高品德的时候,能够超越成败得失,是一种更高的精神境界,也是一种更大意义上的成功。

帮助他人，你也受益

两个钓鱼高手一起到鱼池垂钓。这两人各凭本事，一展身手，隔不了多久的工夫，都大有收获。忽然间，鱼池附近来了十多名游客。看到这两位高手轻轻松松就把鱼钓上来，不免感到几分羡慕，于是都是附近去买了一些钓竿来试试自己的运气如何。没想到，这些不擅此道的游客，怎么钓也是毫无成果。

那两位钓鱼高手，两个个性相当不同。其中一人孤僻而不爱搭理别人，单享独钓之乐；而另一位高手，却是个热心、豪放、爱交朋友的人。爱交朋友的这位高手，看到游客钓不到鱼，就说："这样吧，我来教你们钓鱼，如果你们学会了我传授的诀窍，而钓到一大堆鱼时，每十尾就分给我一尾，不满十尾就不必给我。"双方一拍即合，很快达成了协议。

教完这一群人，他又到另一群人中，同样也传授钓鱼术，依然要求每钓十尾回馈给他一尾。一天下来，这位热心助人的钓鱼高手，把所有时间都用于指导垂钓者，获得的竟是满满一大箩鱼，还认识了一大群新朋友，同时，左一声"老师"，右一声"老师"地被人围着，备受尊崇。

同来的另一位钓鱼高手，却没享受到这种服务人们的乐趣。当大家圈绕着其同伴学钓鱼时，那人更显得孤单落寞。闷钓一整天，检视竹篓里的鱼，收获也远没有同伴的多。

热心帮助别人，结果常常是双方受益。不愿给别人提供服务的人，别人也不愿给你提供方便。

与人方便，与己方便

一个漆黑的夜晚，一个远行寻佛的苦行僧走到了一个荒僻的村落中，漆黑的街道上，络绎的村民们在默默地你来我往。

苦行僧转过一条巷道，他看见有一团晕黄的灯从巷道的深处静静地亮过来。身旁的一位村民说："瞎子过来了。"

瞎子？苦行僧愣了，他问身旁的一位村民说："那挑着灯笼的真是一位盲人吗？"他得到的答案是肯定的。

苦行僧百思不得其解。一个双目失明的盲人，他根本就没有白天和黑夜的概念，他看不到高山流水，他看不到柳绿桃红的世界万物，他甚至不知道灯光是什么样子的，他挑一盏灯笼岂不令人迷惘和可笑？

那灯笼渐渐近了，晕黄的灯光渐渐从深巷移游到了僧人的芒鞋上。百思不得其解的僧人问："敢问施主真的是一位盲者吗？"那挑灯笼的盲人告诉他："是的，自从踏进这个世界，我就一直双眼混沌。"

僧人问："既然你什么也看不见，那你为何挑一盏灯笼呢？"盲者说："现在是黑夜吗？我听说在黑夜里没有灯光的映照，那么满世界的人都和我一样是盲人，所以我就点燃了一盏灯笼。"

僧人若有所悟地说："原来您是为别人照明了？"

但那盲人却说："不，我是为自己！"

"为你自己？"僧人又愣了。

盲者缓缓向僧人说："你是否因为夜色漆黑而被其他行人碰撞过？"

僧人说："是的，就在刚才，还不留心被两个人碰了一下。"

盲人听了，深沉地说："但我就没有。虽说我是盲人，我什么也看不见，但我挑了这盏灯笼，既为别人照亮了路，也更让别人看到了我自己,这样,他们就不会因为看不见而碰撞我了。"

苦行僧听了,顿有所悟。他仰天长叹说:"我天涯海角奔波着找佛,没有想到佛就在我的身边,原来佛性就像一盏灯,只要我点燃了它,即使我看不见佛,但佛却会看到我的。"

好多人并不愿意帮助别人,却往往使自己陷入困境而不自知。当你为别人照亮路途的时候,却让自己避免了他们的碰撞。只有为别人点燃一盏灯,才能照亮我们自己。帮别人就是在帮自己,这是多么深刻的人生哲理!

帮助队友,你的成就更伟大

在一场 NBA 决赛中, NBA 中的一位新秀皮彭独得 33 分,超过乔丹 3 分,而成为公牛队中比赛得分首次超过乔丹的球员。比赛结束后,乔丹与皮彭紧紧拥抱着,两人泪光闪闪。

这里有一个乔丹和皮彭之间鲜为人知的故事。当年乔丹在公牛队时,皮彭是公牛队最有希望超越乔丹的新秀,他时常流露出一种对乔丹不屑一顾的神情,还经常说乔丹某方面不如自己,自己一定会把乔丹推倒一类的话等。但乔丹没有把皮彭当作潜在的威胁而排挤,反而对皮彭处处加以鼓励。

有一次乔丹对皮彭说:"我俩的三分球谁投得好?"皮彭有点心不在焉地回答:"你明知故问什么,当然是你。"因为那时乔丹的三分球成功率是 28.6%,而皮彭是 26.4%。但乔丹微笑着纠正:"不,是你!你投三分球的动作规范、自然,很有天赋,以后一定会投得更好,而我投三分球还有很多弱点。"并且还对他说,"我扣篮多用右手,习惯地用左手帮一下,而你,左右都行。"这一细节连皮彭自己都不知道。他深深地为乔丹的无私所感动。

从那以后,皮彭和乔丹成了最好的朋友。而乔丹这种无私的品质则为公牛队注入了难以击破的凝聚力,从而使公牛队创造了一个又一个的神话。乔丹不仅以球艺,更以他那坦然无私的广阔胸襟赢得了所有人的拥护和尊重,包括他的对手。

当今世界需要的是善于团结周围力量的统领人才,单打孤斗的独行者不仅不能发挥同伴的力量,甚至自己的才能也无法全面发挥。而乔丹这样帮助队友成功,不仅不会有损自己的光辉,甚至有所增添,如此两相对比,高明可见。记住,成功不是某一个人的功劳,更多的是同伴共同的努力,所以想要取得成功,首先不妨帮助队友提升能力。

感谢你的对手

动物园新近从国外引进了凶悍的美洲豹供人观赏。

为了更好地招待这位远方来的贵客,动物园每天为它准备了精美的饭食,并且特意开辟了一个不小的场地供它活动,然而客人始终闷闷不乐,整天无精打采。

"也许是刚到异乡思乡情切吧?"

谁知过了两个多月,美洲豹还是老样子,甚至连饭菜都不想吃了。眼看着它就要不行了,园长惊慌了,连忙请来兽医多方诊治,检查结果又无甚大病。万般无奈之下,有人提议,不如在草地上放几只老虎,或许有些希望。

原来人们无意间发现,每当有老虎经过时,美洲豹总会站起来怒目相向,严阵以待。

果不其然,栖息之所有他人染指,美洲豹立刻变得活跃警惕起来,又恢复了昔日的威风。

没有对手你会有高处不胜寒的孤独感；没有对手你会懒惰而停滞不前。对手会让你发掘出自身的潜能；对手会增强你的竞争意识，激励你奋进；对手会让你感觉到存在的意义。感谢你的对手，正是他们使你变得更杰出。

宽容别人对自己的恶意伤害

第二次世界大战期间，一支部队在森林中与敌军相遇，激战后两名战士与部队失去了联系。这两名战士来自同一个小镇。

两人在森林中艰难跋涉，他们互相鼓励、互相安慰。十多天过去了，仍未与部队联系上。这一天，他们打死了一只鹿，依靠鹿肉又艰难度过了几天，可也许是战争使动物四散奔逃或被杀光。这以后他们再也没看到过任何动物。他们仅剩下的一点鹿肉，背在年轻战士的身上。这一天，他们在森林中又一次与敌人相遇，经过再一次激战，他们巧妙地避开了敌人。

就在自以为已经安全时，只听一声枪响，走在前面的年轻战士中了一枪——幸亏伤在肩膀上！后面的士兵惶恐地跑了过来，他害怕得语无伦次，抱着战友的身体泪流不止，并赶快把自己的衬衣撕下包扎战友的伤口。

晚上，未受伤的士兵一直念叨着母亲的名字，两眼直勾勾的。他们都以为他们熬不过这一关了，尽管饥饿难忍，可他们谁也没动身边的鹿肉。天知道他们是怎么过的那一夜。第二天，部队救出了他们。

事隔30年，那位受伤的战士安德森说："我知道谁开的那一枪，他就是我的战友。当时在他抱住我时，我碰到他发热的枪管。我怎么也不明白,他为什么对我开枪?但当晚我就宽容了他。我知道他想独吞我身上的鹿肉,我也知道他想为了他的母亲而活下来。此后 30 年,我假装根本不知道此事,也从不提及。战争太残酷了,他母亲还是没有等到他回来,我和他一起祭奠了老人家。那一天,他跪下来,请求我原谅他,我没让他说下去。我们又做了几十年的朋友,我宽容了他。"

即使一个非常宽容的人,也往往很难容忍别人对自己的恶意诽谤和致命的伤害。但唯有以德报怨,把伤害留给自己,才能赢得一个充满温馨的世界。做不到宽容的人不妨多思考思考释迦牟尼说过的话:"以恨对恨,恨永远存在;以爱对恨,恨自然消失。"

不要忘了自己的身份

爱丽娜刚从大学毕业,分配在一个离家较远的公司上班。每天清晨 7 时,公司的专车会准时等候在一个地方接送她和她的同事们。

一个骤然寒冷的清晨,爱丽娜关闭了闹钟尖锐的铃声后,又稍微留恋了一会儿暖被窝——像在学校的时候一样。她尽可能最大限度地拖延一些时光,用来怀念以往不必为生活奔波的寒假日子。那一个清晨,她比平时迟了 5 分钟起床。可是就是这区区 5 分钟却让她付出了代价。

那天,当爱丽娜匆忙中奔到专车等候的地点时,时间已是 7 点 05 分。班车开走了。站在空荡荡的马路边,她茫然若失,一种无助和受挫的感觉第一次向她袭来。

就在她懊悔沮丧的时候,突然看到了公司的那辆蓝色轿车停在不远处的一幢大楼前。她想起了曾有同事指给她看过那是上司的车,她想:真是天无绝人之路。爱丽娜向那车跑去,在稍稍犹豫一下后,她打开车门,悄悄地坐了进去,并为自己的幸运而得意。

为上司开车的是一位温和的老司机。他从反光镜里看了她一会儿。然后,转过头来对她说:"小姐,你不应该坐这车。"

"可是,我今天的运气好。"她如释重负地说。

这时,上司拿着公文包飞快地走来。待他在前面习惯的位置上坐定后,才发现车里多了一个人,显然他很意外。

她赶忙解释说:"班车开走了,我想搭您的车子。"她以为这一切合情合理,因此说话的语气充满了轻松随意。

上司愣了一下。但很快明白了,他坚决地说:"不行,你没有资格坐这车。"然后用无可辩驳的语气命令道:"请你下去。"

爱丽娜一下子愣住了——这不仅是因为从小到大还没有谁对她这样严厉过,还因为在这之前,她没有想过坐这车是需要一定身份的。以她平素的个性,她应该是重重地关上车门以显示她对小车的不屑一顾尔后拂袖而去的。可是那一刻,她想起了迟到在公司的制度里将对她意味着什么,而且她那时非常看中这份工作。于是,一向聪明伶俐但缺乏生活经验的她变得异常无助。她用近乎乞求的语气对上司说:"不然,我会迟到的。所以,需要您的帮助。"

"迟到是你自己的事。"上司冷淡的语气没有一丝一毫的回旋余地。

她把求助的目光投向司机。可是老司机看着前方一言不发。委屈的泪水终于在她的眼眶里打转。然后,在绝望之余,她为他们的不近人情而固执地陷入了沉默的对抗。

他们在车上僵持了一会儿。最后,让她没有想到的是,他的上司打开车门走了出去。

坐在车后座的她,目瞪口呆地看着上司拿着公文包向前走去。他在凛冽的寒风中拦下了一辆出租车,飞驰而去。泪水终于顺着她的脸腮流淌下来。上司给了她一帆风顺的人生以当头棒喝的警醒。

自己犯下的错误应想方设法自己去弥补,不要把希望寄托在别人身上，别人没有理由和责任为你解忧。在任何时候，都不能忘记自己的身份，自己的问题就要首先想到自己扛起、解决，如此，才能锻炼得自己更强。

善于从自己身上找原因

一个乐于助人的青年遇到了困难，想起自己平时帮助过许多朋友，他于是去找他们求助。然而对于他的困难，朋友们全都视而不见、听而不闻。

真是一帮忘恩负义的家伙！他怒气冲冲，他的愤怒这样激烈，以至于无法自己排遣，百般无奈，他去找一位智者。

智者说："助人是好事，然而你却把好事做成了坏事。"

"为什么这样说呢？"他大感不解。

智者说："首先，你开始就缺乏识人之明，那些没有感恩之心的人是不值得帮助的，你却不分青红皂白地帮助，这是你的眼浊；其次，你手浊，假如你在帮助他们的时候同时也培养他们的感恩之心，不致让他们觉得你对他们的帮助天经地义，事情也许不会发展到这步田地，可是你没有这样做；第三，你心浊，在帮助他人的时候，应该怀着一颗平常心，不要时时觉得自己在行善，觉得自己在物质和道德上都优越于他人，你应该只想着自己是在做一件力所能及的小事。也不要总觉得你帮了别人，别人就应该投桃报李。"

愿意帮助别人，并在需要的时候希望自己得到别人的帮助，可以说是人之常情。但是真正豁达睿智的人，却善于从自己身上找原因，不会一味抱怨别人。

第六章
信念是忙人克服困难的助力

人生的道路有时宽有时窄，有时平坦有时坎坷，有时风景迷人有时景色全无。但是我们能否坚持这样一个信念：道路好时按照自己的信念向前走，道路不好时也依旧信念坚定！成功最重要的因素是信念，唯有信念才能指引人在困境中前行；唯有信念才可以使人不停地坚持自己的原则，始终不渝地坚持自己的目标；唯有信念才能使人在失败后一次又一次地从头再来。

信念是生命的动力

故事一：

一场突然而至的沙暴，让一位独自穿行大漠者迷失了方向，更可怕的是干粮和水已用完。翻遍所有的衣袋，他只找到一只青苹果。

"哦，我还有一个苹果。"他惊喜地喊道。

他攥着那个苹果，深一脚浅一脚地在大漠里寻找着出路。整整一个昼夜过去了，他仍未走出空旷的大漠，饥饿、干渴、疲惫却一起涌上来。望着茫茫无际的沙海，有好几次他都觉得自己快要支撑不下去了，可是看一眼手里的苹果，他抿抿干裂的嘴唇，便又添了些力量。

顶着炎炎烈日，他又继续艰难地跋涉。已数不清摔了多少跟头了，只是每一次他都挣扎着爬起来，踉跄着一点点地往前挪，他心中不停地默念着："我还有一个苹果，我还有一个苹果……"

三天后，他终于走出了大漠。

故事二：

有个叫阿巴格的人生活在内蒙古草原上。

有一次，年少的阿巴格和他爸爸在草原上迷了路，阿巴格又累又怕，到最后实在走不动了。爸爸就从兜里掏出五枚金币，把一枚金币埋在草地里，把其余四枚金币放在阿巴格的手上，他以五枚金币来比喻人生的五个阶段——童年、少年、青年、中年、老年，各个阶段都有一枚金币，你现在才用了一枚，就是埋在草地里的那一枚，不要都扔在草原里。你可以把自己童年的金币这样埋进草地中，但是不要轻易地把其他的四枚都扔在这里。你要一点点地用，每一次都用出不同来，这样才不枉人生一世。今天我们一定要走出草原，你将来也一定要走出草原。世界很大，人活着，就要多走些地方，多看看，不要让你的金币没有用就扔掉。"在父亲的鼓励下，阿巴格终于又站了起来，他们终于走出了草原。

直到25岁那一年，阿巴格从电视上看到了大海，他做出了决定——走出草原。他把第二枚金币埋在了草原，带着其余的三枚金币，只身一人乘车来到了佛罗里达，当了一名水手。他一生的梦想，就是能拥有一条可以远洋的一百马力以上的铁船。为了这个梦想他一直在努力。

在他来到海上的第九个年头，他用攒下的钱买下了这条十二马力的新木船。结果刚刚没多久，在一次带另外两位渔民出海时，因为木船出了故障。他们在海上漂了七天六夜，船上什么吃的都没有，在几乎坚持不下去的时候，他给另两个伙伴讲了小时候的故事。讲完以后他说："我还年轻，还有人生的三枚金币，不能就这么把他们扔到大海里，一定要活着回去！"结果就在这个故事讲完后，十多个小时，他们竟真的活着回来了！在海上漂泊了七天七夜，船上没有任何食物，他们居然靠着船长小时候的故事，靠着坚韧的生存毅力活着回来了！在生命的旅程中，我们常常遇到各种突如其来的挫折和困难，遭遇某些意想不到的困境。这时要坚信没有穿不过的风雨，没有跋涉不过的险途。千万不要轻言放弃，信念就是黑暗中的灯塔，迷雾中的导航灯，只要心头有那盏希望之灯，总会渡过难关。

信念是理想的翅膀

多年前，一位穷苦的牧羊人领着两个年幼的儿子，以替别人放羊来维持生计。一天，他们赶着羊来到一个山坡。这时，一群大雁高鸣着从他们头顶飞过，并很快消失在远处。

牧羊人的小儿子问他的父亲："大雁要往哪里飞？"

"它们要去一个温暖的地方，在那里安家，度过寒冷的冬天。"牧羊人说。

他的大儿子眨着眼睛羡慕地说："要是我们也能像大雁一样飞起来就好了，那我就要飞得比大雁还要高，去天堂，看妈妈是不是在那里。"

小儿子也对父亲说："做个会飞得大雁多好啊！那样就不用放羊了，可以飞到自己想去的地方。"

牧羊人沉默了一下，然后对儿子们说："只要你们想，你们也能飞起来。"两个儿子试了试，并没有飞起来。他们用怀疑的眼神瞅着父亲。

牧羊人说，让我飞给你们看。于是他飞了两下，也没飞起来。牧羊人肯定地说："我是因为年纪大了才飞不起来，你们还小，只要不断努力，就一定能飞起来，去想去的地方"。

儿子们牢牢记住了父亲的话，并一直不断地努力。随着年龄的增长，他们知道了父亲的话只是象征，并不是让他们像大雁一样飞起来。然而，他们长大以后却真的飞起来了，因为他们实现了儿时的梦想，创造了自己的人生的奇迹。在执著的追求下，理想一定会变成现实。坚定的信念与坚强的毅力是理想的两个翅膀，有许多理想看来只不过是梦想，让人觉得遥不可及，甚至是做白日梦，但在不懈的努力她会放飞你的梦想，创造生命奇迹。

再试一次

有个大学毕业生去面试，那是他第一次面试，也是他记忆最深刻的一次面试。

那天，他揣着一家著名广告公司的面试通知，兴冲冲地前去应聘。

当时他很自信，他专业成绩好，年年都拿奖学金。到了那座大厦的一楼大厅时一看时间，还提前十分钟。

广告公司在这座大厦的18楼。这座大厦管理很严，两位精神抖擞的保安分立在两个门口旁，他们之间的条形桌上有一块醒目的标牌："来客请登记。"学生向前询问："先生，请问1810房间怎么走？"

保安抓起电话，过了一会说："对不起，1810房间没人。"

"不可能吧，"学生忙解释，"今天是他们面试的日子，您看，我这儿有面试通知。"

那位保安又拨了几次："对不起，先生，1810还是没人，我们不能让您上去，这是规定。"

时间一秒一秒地过去。学生心里虽然着急，也只有耐心地等待，同时祈祷该死的电话能够接通。已经超过约定时间10分钟了，保安又一次彬彬有礼地告诉他电话没通。这位刚毕业的大学生压根也没想到第一次面试就吃了这样的"闭门羹"。面试通知明确规定："迟到10分钟，取消面试资格。"学生犹豫了半天，只得自认倒霉地回到了学校。

晚上，学生收到一封电子邮件："×先生，您好！也许您还不知道，今天下午我们就在大厅里对您进行了面试，很遗憾您没通过。您应当注意到那位保安先生根本就没有拨号。大厅里还有别的公用电话，您完全可以自己询问一下。我们虽然规定迟到10分钟取消面试资格，但您为什么立即放弃却不再努力一下呢？……祝您下次成功！"

现实中成功和失败往往只有一步之遥。当你遇到挫折这道墙时，也许正是成功前的最后一道关卡，如果困难不可逾越，也要尝试着绕过去。一定要有一点"不到黄河心不死"的精神，再试一次，再努力坚持一下，你也许就会获得成功。

第六章 信念是忙人克服困难的助力

多坚持一秒钟

美国的海关里，有一批没收的脚踏车，在公告后决定拍卖。

拍卖会中，每次叫价的时候，总有一个十岁出头的男孩喊价，他总是以五块钱开始出价，然后眼睁睁地看着脚踏车被别人用三十、四十元买去。拍卖暂停休息时，拍卖员问那小男孩为什么不出较高的价格来买。男孩说，他只有五块钱。

拍卖会又开始了，那男孩还是给每辆脚踏车相同的价钱，然后被别人用较高的价钱买去。后来聚集的观众开始注意到那个总是首先出价的男孩，他们也开始察觉到会有什么结果。

直到最后一刻，拍卖会要结束了。这时，只剩一辆最棒的脚踏车，车身光亮如新，有多种排档、十速杆式变速器、双向手煞车、速度显示器和一套夜间电动灯光装置。

拍卖员问："有谁出价呢？"

这时，站在最前面，而几乎已经放弃希望的那个小男孩轻声地再说一次："五块钱。"

拍卖员停止喊价，停下来站在那里。

这时，所有在场的人全部盯住这位小男孩，没有人出声，没有人举手，也没有人喊价。直到拍卖员喊价三次后，他大声说："这辆脚踏车卖给这位穿短裤白球鞋的小伙子！"

此话一出，全场鼓掌。那小男孩拿出握在手中仅有的五块钱钞票，买了那辆毫无疑问是世上最漂亮的脚踏车时，他脸上流露了从未见过的灿烂笑容。

不用说，这位男孩得到的脚踏车固然因为人们的爱心，但可以想象：如果他半途而废，如果他没坚持到最后呢？

也许你觉得没有希望了，似乎看到失败了，所以你放弃了，这往往就是成功者比失败者少的原因。不要放弃！每个放弃念头起来时就告诉自己"再坚持一秒"。就在一秒一秒的推移到最后，你会惊奇地发现你已经成功了。

走向成功的捷径

故事一：

有一个年轻人好不容易找到一份工作，被派到一个海上油田钻井队。首次在海上作业时，领班要求他在限定的时间内，登上几十米高的钻油台上，将一个包装盒子交给最顶层的一名主管。于是他小心翼翼地拿着盒子，快步登上狭窄的阶梯，将盒子交给主管。主管看也不看一眼，只是在盒子上签了个名，然后又叫他马上送回去。他只好又快步地跑下阶梯，将盒子交给领班，领班同样也在盒子上面签了个名，又叫他送上去交给主管。他疑惑地看了领班一眼，但还是依照指示去做了。

第二次爬到顶层的他已经气喘如牛，主管仍旧默不做声地在盒子上签了个名，示意要他再送下去。这时他心中开始有些不悦，无奈地转身拿起盒子送下去。他再度将盒子交给领班，领班依旧签了名后又让他再上去一趟，此时他已经有些发火，他瞪着领班强忍住不发作，抓起盒子生气地往上爬。到达顶层时他已经全身湿透了。他将盒子递给主管，主管头也不抬地说："将盒子打开吧！"

此时他再也忍不住满腔的怒火，重重地将盒子摔在地上，然后大声吼道："老子不干了！"

这时主管站了起来，打开盒子拿出香槟，叹了口气对他说："刚才你所做的一切，叫做极限体力训练，因为我们在海上作业，随时可能会遇到突发的状况及危险，因此每一位队员必须具备极强的体力与配合度，以此来面对各种考验。好不容易前两次你都顺利过关，只差最后一步就可以通过了，实在很可惜！你是无法享受到自己辛苦带上来的香槟了。现在，你可以离开了！"

故事二：

开学第一天，一位先生对学生们说："今天咱们只学一件最简单也是最容易的事儿。每人把胳膊尽量往前甩，然后再尽量往后甩。"说着，先生示范了一遍。"从今天开始，每天做三百下。大家能做到吗？"学生们都笑了。这么简单的事，有什么做不到的？

过了一个月，先生问学生们："每天甩手三百下，哪些同学坚持了？"有百分之九十的同学骄傲地举起了手。

又过了一个月，先生又问，这回，坚持下来的学生只剩下八成。

一年过后，先生再一次问大家："请告诉我，最简单的甩手运动，还有哪几位同学坚持了？"这时，整个教室里，只有一人举起了手。这个学生就是后来成为古希腊大哲学家的柏拉图。

最容易做的事也是最难做的事，最难做的事也是最容易做的事。其实有好多事情并不简单，但因其透着新奇，一些人反而能做到善始善终。而好多事情并不难，因为需要反反复复的去做就更显枯燥无味，而成功常常隐藏在这些重复工作中，很多人不能坚持住就放弃了。所以说，走向成功的唯一捷径就是持之以恒，成功只垂青于能坚持到最后的人。

挫折是你成功前的演习

有一个人生下来就一贫如洗，终其一生都在面对挫败。以下是他的部分简历：

十七岁的时候，家人被赶出了居住的地方，他必须工作以抚养他们。

十九岁的时候，母亲去世。

二十一岁的时候，经商失败。

二十二岁的时候，竞选州议员但落选了！也就是这一年，工作也丢了，想就读法学院，但进不去。

二十三岁的时候，向朋友借钱经商，但年底就再一次失败并破产，以至于后来他一直用了十六年的时间，才把债务还清。

二十四岁的时候，再次竞选州议员时他成功了！然而命运并未从此好起来。

二十六岁的时候，这一年订婚，但是就在即将结婚时，未婚妻却死了，因此他的心也碎了，因此精神完全崩溃。

二十七岁的时候，这一年卧病在床六个月。

二十八岁的时候，他争取成为州议员的发言人没有成功。

三十一岁的时候，争取成为选举人又失败了！

三十四岁的时候，他参加国会大选再次落败！

三十七岁的时候，再次参加国会大选时当选了！

三十九岁的时候，寻求国会议员连任失败了！

四十岁岁的时候，想担任自己所在州的土地局长一职被拒绝了！

四十五岁的时候，竞选美国参议员落选！

四十六岁的时候，在共和党的全国代表大会上争取副总统的提名失败。

四十八岁的时候，竞选美国参议员再度落败。

五十二岁的时候，他当选美国第十六任总统。

这个人就是林肯。八次竞选八次落败，两次经商失败，甚至还精神崩溃过一次。

成功者是需要非凡的勇气和坚韧的毅力。在每个人的成长道路上，有坦途，也有坎坷，有鲜花，也有荆棘。"自古雄才多磨难。从来纨绔少伟男。"经历一些挫折并不是坏事情，感恩挫折吧，它可以给你经验，可以磨炼你的意志，可以锻炼你的勇气。

黑暗中更易看到光明

有一个赶夜路的商人，在穿越一座山中的密林时，遇到了一个山贼拦路抢劫。商人立即逃跑，无奈山贼穷追不舍。在走投无路的时候，商人钻进了一个漆黑的山洞里，希望能躲过一劫，那山贼竟然也追进山洞里。这是个迷宫一般的连环洞，然而在洞的深处，商人仍然未能逃过山贼的追逐。黑暗中，商人被山贼逮住了，一顿毒打之后，身上所有的财物，包括一把夜间照明用的火把，统统被山贼抢劫去了。唯一走运的是山贼并没有要他的命，或许是认为他没有了火把，在这样的山洞里是走不出去了吧。

山贼将抢来的火把点燃之后，独自走了，商人也摸索着爬了起来，两个人开始各自寻找着洞的出口。无奈的是这山洞极深极黑，而且洞中有洞，布局一样，纵横交错，不知道的人永远也走不出去。

山贼有了火把照明，能够看清脚下的路，因而不会被石块绊倒；他也能看清周围的石壁，所以他也不会碰壁。令人难以置信的是：他走来走去，始终走不出这个山洞，最终，他因力竭而死于洞中。商人由于失去了火把，所以看不到眼前的路，只能在黑暗中摸索行走。因为几乎看不到一点点路，他不是碰壁就是被石块绊倒，跌得鼻青脸肿。幸运的是，也正因为商人置身于黑暗之中，所以他的眼睛对光的感觉也就异常敏锐，他感受到了洞外透进来的极微弱的星光，迎着这缕微弱的希望之光摸索爬行，历尽艰辛后，终于逃离了山洞。

仔细想想，世间的事大抵如此。许多人往往被眼前耀眼的光明迷失了前进的方向，最终碌碌无为；而另外一些身处黑暗中的人却迎着那点微弱的希望，磕磕绊绊，最终走向了成功。在生命的漫漫征途上，不要因为一时的失意而心灰，也不要因为一时的迷茫而气馁，愈是置身黑暗中的人就愈有希望看到光明，只要不放弃，人生终会顺畅。失去眼前的火把，远处的星光也会为你指引出路。

等待事物自身的转变

一次，佛陀经过一片森林，那一天非常炎热，而且是日正当午，他觉得口渴，就告诉侍者阿难："我们不久前曾跨过一条小溪，你回去帮我取一些水来。"

阿难回头去找那条小溪，但小溪实在太小了，有一些车子经过，溪水被弄得很污浊，水不能喝了。

于是阿难回来告诉佛陀："那小溪的水已变得很脏而不能喝了，我们继续向前走，我知道有一条河离这儿才几里路。"

佛陀说："不，你还是回到刚才那条小溪去。"

阿难表面遵从，但内心并不服气，他认为水那么脏，只是浪费时间

第六章　信念是忙人克服困难的助力

白跑一趟。他走了一半路，又跑回来说："您为什么要坚持？"

佛陀不加解释，语气坚决地说："你再去。"

阿难只好遵从。当他再来到那条溪流旁，那溪水就像它原来那么清澈、纯净——泥沙已经流走了，阿难笑了，提着水跳着舞回来，拜在佛陀脚下说："师父，您给我上了伟大的一课，没有什么东西是永恒的，只需要耐心。"

你也做过努力了，也无法再改变自己了，而且也没有其他的办法了，但依然不要放弃。因为不变是相对的，变化是绝对的，事物是在不停发展变化的。只要有耐心等待，没有什么东西是亘古不变的。所以只要你有耐心，事情就一定会有转机。

这不是我所遇到的最棘手的问题

通常在心理学家考克斯讲演完后，总有人来找他说："嗨！我现在的处境糟糕透了，我必须好好和你谈谈。"

考克斯此时就会反问他们："这难道是你一生中最艰难的时刻吗？"这往往让他们无语而陷入沉思。

"不是，"他们往往答道。"现在这个远不及最困难的时候。"

"那好。"考克斯接着说。"如果我们用你度过最艰苦时刻的状态去应付现在的话，你将会很快度过面前的这个难关。"

在这方面，考克斯有切身的经历（他曾经是飞行员）。那是一次冬季飞行，考克斯突然感到飞机上比自己想象的要热一些。

考克斯开的飞机上的除冻器是将空气从热的发动机带出来——这和汽车上刚好相反。这些空气通过一个弯曲的加热管道然后以很高的温度喷向座舱，尽管其中混杂了周围的空气，但它还是使座舱越来越热，远超过你能忍受的程度，所以你不能让除冻器运行时间超过你想要的时间。

不久，考克斯注意到座舱越来越热，他伸手过去想关掉开关，但是他发现它已经是关闭状态。

系统出故障了，无论考克斯怎样做，都有越来越多的热空气奔向驾驶舱。没有办法控制温度。那时，他们正飞行在恶劣的冬日风雪中——暴风、大雪、冰雹等等，外面情况险恶，里面还有一个更大问题，热浪在座舱中肆虐，他却毫无办法。

考克斯发信号给控制台，解释自己的处境，他决定不飞原定的目的地密西根，而是应当尽快返回他们起飞的地方。考克斯找到一个安全的区域，在控制台的允许下作低空飞行。那样他就可以尽快用掉燃料而返航（飞机带着满满的燃料在结冰的跑道上降落是很危险的，因为冰上的高速降落会将飞机超重的部分抛出去。那时还有大约4吨燃料要用完）。那时节所有的热气涌入座舱，热得考克斯几乎无法进行思考。

降到低空后，考克斯做了个270°大旋转，并做了一些技巧动作来加快耗掉燃料。点燃后燃器，而后将它关掉，同时又将油门推回到后燃器位置，这样燃烧器不会再点燃，但多余的燃料会从尾管中源源不断地排出去。这可能是"最差"的卸掉燃料的方法了。

突然座舱充满了烟雾，考克斯的双眼开始流泪。除冻器也受不了高温，开始燃烧。考克斯快要脱水了！那时他真想将驾驶舱顶篷"弹"掉来逃离热气，但恶劣的天气仍会使无顶篷的着陆危险不堪，因而座舱的炼狱还必须继续着。

飞机的燃料耗得差不多了，考克斯和将要着陆的机场联系，想直接飞回机场。人人都知道这很危险，因而考克斯征求地面控制台的意见。

地面控制台告诉考克斯，由于机场风雨突然反向，着陆必须和平常的方向相反。他们正匆忙计算一些数据，当时还无法给他一些降落的信

第六章 信念是忙人克服困难的助力

105

息。考克斯的眼睛开始刺痛，眼泪已让他无法看东西了，幸运的是呼吸还没有问题，因为有氧气罩。

最后，地面控制台开始指引他降落。考克斯什么也看不见，云雾几乎笼罩着地面，他们让考克斯从最小倾斜度降落，那样如果低空没有云层的话，可以再兜一圈重试。考克斯冲出了云层，但前方却没有跑道。跑道在他左边 300 米处，一切危险都到齐了，本不应该发生的都在今天来了。

考克斯把操纵杆向前推，飞机上升，又飞回了云层。

"让我们告诉你如何做，"地面控制台说道。"我们来告诉你同时转向及转多少度角，以及何时离开。"考克斯仔细按照他们的指引去做。他在风雪中如瞎子般盲目飞翔着，祈祷来自地面的声音能让自己从云层中钻出来，出来时一个长而美的跑道能够正好展现在自己的面前。

第二次，恰好考克斯飞到一个云层开裂处，他能看见了——否则只好重来——穿过云层，他能分辨出自己所处的位置，很好，这次我只是偏右了 50 米，他立即向左转了个 70 度的大弯……好了，这次正对着跑道。

但是此时，考克斯已经快到了跑道的尽头了，如果他试着降落的话，到跑道尽头处，飞机肯定还会有很高的速度——这不是个太好的主意。

这时，考克斯想起了这样一句话："如果你没有选择的话，那么就勇敢迎上去。"除了将飞机拉起来盘旋一圈后再来一次，他别无选择。再试一次是很危险的，因为有很多细小的东西要校对，那一刻，考克斯毫无遗漏的照控制台发给自己的指引去做。现在有个好现象，就是座舱开始变凉快了，因为除冻器已经报销了。但此时，考克斯又陷入燃料耗尽的困境中，他开始后悔放掉了那么多燃料，他只剩下再来一次的燃料。他呼叫："如果此次我还不成功的话，给我指定一个人烟稀少的区域，我将跳伞。"

考克斯又来了一次，这次，当他还在云层中时，控制台就告诉他太靠左了，于是，他又向右转了一些。

但是控制台又重复道："你太靠右了，立即向左稍转！"考克斯还是看不到跑道。但基于两次右转尝试，他想："我可能已经到了正确位置，凭感觉我不想再改变位置了。"

很多时候我们都要决定是听取别人的建议还是相信自己的感觉。考克斯飞快地做了选择。一旦做完选择，他就会面临三个结果：五秒钟内，他可能在跑道上，可能在降落伞上，还可能死去。考克斯当然选择降落在跑道上。毫无疑问，他根本就不想跳伞。

当考克斯冲出云层时，跑道正摆在他面前。飞机着陆了，就在考克斯将飞机停下来时，发动机自动熄火了，燃料已用尽了。

回过头来看看，如果这期间考克斯沉浸在浪费时间和精力来抱怨该死的情况的话，他会毁了自己和飞机。幸运的是，考克斯没有抱怨，而是泰然处之。

此后，每当困难和低沉时，考克斯总是对自己说："是的，这难道比那次空中遇险还要糟吗？当然不！我想如果那时我能挺过来，什么事我都会挺住的。"

我们总有将摆在我们面前的问题看成是自己遇到的最严重问题的习惯，这时我们应该想想这样的判断是否正确。下次你们遇到了大难题时问问自己："这是不是我所遇到的最棘手的问题？这个难题和我曾遇到的最大难题相比如何？"如果过去的难题更棘手——一般是这样的——那么你定能过此难关。

在时运不济时也永不绝望

李·艾柯卡曾是美国福特汽车公司的总经理，后来又成为了克莱斯勒汽车公司的总经理。作为一个聪明人，他的座右铭是："奋力向前。即使时运不济，也永不绝望，哪怕天崩地裂。"他 1985 年发表的自传，成为非小说类书籍中有史以来最畅销的书，印数高达 150 万册。

艾柯卡不光有成功的欢乐，也有挫折的懊丧。他的一生，用他自己的话来说，叫做"苦乐参半"。1946 年 8 月，21 岁的艾柯卡到福特汽车公司当了一名见习工程师。但他对和机器做伴、做技术工作不感兴趣。他喜欢和人打交道，想搞经销。

艾柯卡靠自己的奋斗，由一名普通的推销员，终于当上了福特公司的总经理。但是，1978 年 7 月 13 日，他被妒火中烧的大老板亨利·福特开除了。当了八年的总经理、在福特工作已 32 年、一帆风顺、从来没有在别的地方工作过的艾柯卡，突然间失业了。昨天他还是英雄，今天却好像成了麻风病患者，人人都远远避开他，过去公司里的所有朋友都抛弃了他，这是他生命中最大的打击。"艰苦的日子一旦来临，除了做个深呼吸，咬紧牙关尽其所能外，实在也别无选择。"艾柯卡是这么说的，最后也是这么做的。他没有倒下去。他接受了一个新的挑战：应聘到濒临破产的克莱斯勒汽车公司出任总经理。

艾柯卡，这位在世界第二大汽车公司当了 8 年总经理的事业上的强者，凭他的智慧、胆识和魄力，大刀阔斧地对企业进行了整顿、改革，并向政府求援，舌战国会议员，取得了巨额贷款，重振企业雄风。1983 年 8 月 15 日，艾柯卡把面额高达 8.1 亿美元的支票，交给银行代表手里。至此，克莱斯勒还清了所有债务。而恰恰是 5 年前的这一天，亨利

·福特开除了他。

如果艾柯卡不是一个坚忍的人，不敢勇于接受新的挑战，在巨大的打击面前一蹶不振、偃旗息鼓，那么他和一个普通的下岗职工就没有什么区别了。正是不屈服挫折和命运的挑战精神，使艾柯卡成为了一个世人所敬仰的英雄。

一个人不可能总是一帆风顺的。不利的局面常常将你的雄心壮志淹没，但是你愿意做这样一个碰到挫折就轻易放弃的失败者吗？还是永远充满斗志，永远充满希望的奋斗者呢？时运不济时不绝望就是一种伟大的希望。

歌声指引生命之路

1920年10月，一个漆黑的夜晚，在英国斯特兰腊尔西岸的布里斯托尔湾的洋面上，发生了一起船只相撞事件。一艘名叫"洛瓦号"的小汽船跟一艘比它大十多倍的航班船相撞后沉没了，104名搭乘者中有11名乘务员和14名旅客下落不明。

艾利森国际保险公司的督察官弗朗哥·马金纳从下沉的船身中被抛了出来，他在黑色的波浪中挣扎着。救生船这会儿为什么还不来？他觉得自己已经气息奄奄了。渐渐地，附近的呼救声、哭喊声低了下来，似乎所有的生命全被浪头吞没，死一般的沉寂在周围扩散开去。就在这令人毛骨悚然的寂静中，突然——完全出人意料，传来了一阵优美的歌声。那是一个女人的声音，歌曲丝毫也没有走调，而且也不带一点儿哆嗦。那歌唱者简直像面对着客厅里众多的来宾在进行表演一样。

马金纳静下心来倾听着，一会儿就听得入了神。教堂里的赞美诗从没有这么高雅；大声乐家的独唱也从没有这般优美。寒冷、疲劳刹那间

第六章 信念是忙人克服困难的助力

109

不知飞向了何处，他的心境完全复苏了。他循着歌声，朝那个方向游去。

靠近一看，那儿浮着一根很大的圆木头，可能是汽船下沉的时候漂出来的。几个女人正抱住它，唱歌的人就在其中，她是个很年轻的姑娘。大浪劈头盖脸地打下来，她却仍然镇定自若地唱着。在等待救生船到来的时候，为了让其他妇女不丧失力气，为了使她们不致因寒冷和失神而放开那根圆木头，她用自己的歌声给他们补充精神和力量。

就像马金纳借助姑娘的歌声游靠过去一样，一艘小艇终于穿过黑暗驶了过来。于是，马金纳、那唱歌的姑娘和其余的妇女都被救了上来。

比地大的是天空，比天大的是人心。心胸豁达的人是真正的强者，乐观则是他们的情绪体验。邓小平的心胸就很博大，在他80岁高龄时，联邦德国总理科尔问他"长寿秘诀"，邓小平回答说："天塌下来我也不怕，有大个的顶着。"乐观的人即使事情变糟了，也能迅速做出反应，找出解决的办法，确定新的生活方案。乐观的人不会对事业表现出失望、绝望，他们能应付生活险境，掌握自己的命运，就像那姑娘的歌声一样在几乎绝望的情况下开辟出一条生命之路。

不管路途多么崎岖都要努力向前迈进

一位熨衣工人住在拖车房屋中，周薪只60元。他的妻子上夜班，不过即使夫妻俩都工作，赚到的钱也只能勉强糊口。他们的婴儿耳朵发炎，他们只好连电话也拆掉，省下钱去买抗生素治病。

这位工人希望成为作家，夜间和周末都不停地写作，打字机的劈啪声不绝于耳。每个月的大部分余钱全部用来付邮费，寄原稿给出版商和经纪人。但是他的作品全给退回了。退稿信很简短，非常公式化，他甚至不敢确定出版商和经纪人究竟有没有真的看过他的作品。

一天，他读到一部小说，令他记起了自己的某本作品，他把作品的原稿寄给那部小说的出版商，他们把原稿交给了皮尔·汤姆森。

几个星期后，他收到汤姆森的一封热诚亲切的回信，说原稿的瑕疵太多。不过汤姆森确信他有成为知名作家的希望，并鼓励他再试试看。

在此后18个月里，他再给编辑寄去两份原稿，但都退还了。他开始试写第四部小说，不过由于生活逼人，经济上左支右绌，他开始放弃希望。

一天夜里，他把原稿扔进垃圾桶。第二天，他妻子把它捡回来。"你不应该中途而废，"她告诉他，"特别在你快要成功的时候。"

他瞪着那些稿纸发愣。也许他已不再相信自己，但他妻子却相信他会成功。一位他从未见过面的纽约编辑也相信他会成功。因此每天他都写1500字，写完之后，他把小说寄给汤姆森，不过他以为这次又准会失败。可是他错了。汤姆森的出版公司预付了2500美元给他，史蒂芬·金的经典恐怖小说《魔女嘉莉》于是诞生了。这本小说后来销了500万册，并摄制成电影，成为1976年最卖座的电影之一。

没有人能一步登天，每个成功者都曾一步一个脚印的长途跋涉过，无论多少荆棘遮路。成功不仅需要超乎常人的奋斗精神，更需要绝不放弃地坚持等待机会，这是几乎概况大部分成功之路的定律。

从咖啡馆跑堂到奥运会冠军

阿兰·米穆是一位历经辛酸、从社会最底层拼搏出来的法国当代著名长跑运动员、法国一万米长跑纪录创造者、第十四届伦敦奥运会一万米赛亚军、第十五届赫尔辛基奥运会五千米亚军、第十六届墨尔本奥运会马拉松赛冠军，后来在法国国家体育学院执教。

米穆出生在一个相当寒酸的家庭。从孩提时代起，他就非常喜欢运动。可是，家里很穷，他甚至连饭都吃不饱。这对任何一个喜欢运动的人来讲都是颇为难堪的。例如，踢足球，米穆就是光着脚踢的。他没有鞋子。他母亲好不容易替他买了双草底帆布鞋，为的是让他去学校念书有可以穿的。如果米穆的父亲看见他穿着这双鞋子踢足球，就会狠狠地揍他一顿，因为父亲不想让他把鞋子穿破。

11岁半时，米穆已经有了小学毕业文凭，而且评语很好。他母亲对他说："你终于有文凭了，这太好了！"可怜的妈妈去为他申请助学金。但是，遭到了拒绝！

这是多么不公正啊！他们不给米穆助学金，却把助学金给了比他富有得多的殖民者的孩子们。鉴于这种不公道，米穆心里想："我是不属于这个国家的，我要走。"可去哪里呢？米穆知道，自己的祖国就是法国。他热爱法国，他想了解它。但怎么去了解呢？他实在太穷了，根本没有深入了解祖国的机会。

为了有钱念书，米穆当上了咖啡馆里跑堂的。他每天要一直工作到深夜，但还是坚持锻炼长跑。为了能进行锻炼，每天早上五点钟就得起来，累得他脚跟都发炎脓肿了。总之，为了有碗饭吃，米穆是没有多少工夫去训练的。但是，他还是咬紧牙关报名参加了法国田径冠军赛。米穆仅仅进行了一个半月的训练。他先是参加了一万米冠军赛，可是只得了第三名。第二天，他决定再参加五千米比赛。幸运的是，他得了第二名。就这样，米穆被选中并被带进了伦敦奥林匹克运动会。

对米穆来说，这简直是不可思议的事情！他在当时甚至还不知道什么是奥林匹克运动会，也从来想象不到奥运会是如此宏伟壮观。全世界好像都凝缩在那里了。不过，在这个时刻，最重要的是，他知道自己是代表法国。他为此感到高兴。

但是，有些事情让米穆感到不快。那就是，他并没有被人认为是一名法国选手，没有一个人看得起他。比赛前几小时，米穆想请人替自己按摩一下。于是他便很不好意思地去敲了敲法国队按摩医生的房门。

得到允许以后，他就进去了，按摩医生转身对他说："有什么事吗，我的小伙计？"

米穆说："先生，我要跑一万米，您是否可以助我一臂之力？"

医生一边继续为一个躺在床上的运动员按摩，一边对他说："请原谅，我的小伙计，我是派来为冠军们服务的。"

米穆知道，医生拒绝替自己按摩。无非就是因为自己不过是咖啡馆里一名小跑堂罢了。

那天下午，米穆参加了对他来讲是有历史意义的一万米决赛。他当时仅仅希望能取得一个好名次，因为伦敦那天的天气异常干热，很像暴风雨的前夕。比赛开始了。米穆并不模仿任何人。同伴们一个接一个地在落在他的后面。他成了第四名，随后是第三名。很快，他发现，只有捷克著名的长跑运动员扎托倍克一个人跑在他前面进行冲刺。米穆终于得了第二名。

米穆就是这样为法国和为自己争夺到了第一枚世界银牌的。然而，最使米穆感到难受的，还是当时法国的体育报刊和新闻记者。他们在第二天早上便在边打听边嚷嚷："那个跑了第二名的家伙是谁呀？啊，准是一个北非人。天气热，他就是因为天热而得到第二名的！"瞧瞧，多令人心酸！

米穆感到欣慰的是，在伦敦奥运会四年以后，他又被选中代表法国去赫尔辛基参加第十五届奥运会了。在那里，他打破了一万米法国纪录，并在被称之为"本世纪五千米决赛"的比赛中，再一次为法国赢得了一枚银牌。

随后，在墨尔本奥运会上，米穆参加了跑马拉松比赛。他以1分

40秒跑完了最后400米。终于成了奥运会冠军！

他不用再去咖啡馆当跑堂了。可是，米穆却说："我喜欢咖啡，喜欢那种香醇，也喜欢那种苦涩……"

只要自己的信心不倒，不利的环境并不能阻碍一个人的发展。而且逆境中，在得不到人们的支持的情况下实现自己的理想，是一种更加激励人生的成功。

残疾人也能做出一个健康人的成就

罗伯特·巴拉尼1876年出生于奥匈帝国首都维也纳，他的父母均是犹太人。他年幼时患了骨结核病，由于家庭经济不宽裕，此病无法得到根治，使他的膝关节永久性僵硬了。父母为自己的儿子伤心，巴拉尼当然也痛苦至极。但是，懂事的巴拉尼，尽管年纪才七八岁，却把自己的痛苦隐藏起来，对父母说："你们不要为我伤心，我完全能做出一个健康人的成就。"父母听到儿子这番话，悲喜交集，抱着他不知该说些什么，只是以泪洗面。

巴拉尼从此狠下决心，埋头勤读书。父母交替着每天送接他到学校，一直坚持了十多年，风雨不改。巴拉尼没有辜负父母的心血，也没有忘掉自己的誓言，读小学、中学时，成绩一直保持优异，名列前茅。

18岁进入维也纳大学医学院学习，1900年，获得了博士学位。大学毕业后，巴拉尼留在维也纳大学耳科诊所工作，当一名实习医生。由于巴拉尼工作很努力，该大学医院工作的著名医生亚当·波利兹对他很赏识，对他的工作和研究给予热情的指导。巴拉尼对眼球震颤现象深入研究和探源，经过3年努力，于1905年5月发表了题为《热眼球震颤的观察》的研究论文。这篇论文的发表，引起了医学界的关注，标志着耳科"热检验"法的产生。巴拉尼再深入钻研，通过实验证明内耳前庭器与小脑有关，从此奠定了耳科生理学的基础。

1909年，著名耳科医生亚当·波利兹病重，他主持的耳科研究所的事务及在维也纳大学担任耳科医学教学的任务，全部交给巴拉尼了。繁重的工作担子压在巴拉尼肩上，他不畏劳苦，除了出色地完成这些工作外，还继续对自己的专业进行深入研究。1910年至1912年间，他的科研成果累累，先后发表了《半规管的生理学与病理学》和《前庭器的机能试验》两本著作。由于他工作和科研有突破性的贡献，奥地利皇家授予他爵位。1914年，他又获得诺贝尔生理学及医学奖金。

巴拉尼一生发表的科研论文184篇，治疗好许多耳科绝症。他的成就卓著，当今医学上探测前庭疾患的试验和检查小脑活动及其与平衡障碍有关的试验，都以他的姓氏命名的。

身体上的残疾不会阻碍一个人的成功，只要他拥有顽强向上的斗志。

笨孩子也能走向成功

从小到大，比特做什么事都比别的孩子慢半拍，同学讥笑他笨，老师说他不努力，无论他怎么试图去做好、去改变自己，但是，他却从来也做不对。直到比特上了九年级后，才被医生诊断出患有动作障碍症。高中毕业时，比特申请了十所最最一般的学校，心想怎么也会有一所学校录取他。可直到最后，他连一份通知书也没有收到。

后来，比特看了一份广告，上面写着："只要交来250美元，保证可以被一所大学录取。"结果他付了250美元，有一所大学真的给他寄来了录取通知书。看到这所大学的名字，比特即刻想起了几年前，一份报纸上写着有关这个大学的文章："这是一所没有不及格的学校，只要学生的爸爸有钱，没有不被录取的。"当时比特只有一个信念："我要用未来去证实这个错误的说法。"在这个大学上了一年后，比特就转到另一所大学，大学毕业后，他进入了房地产行业。22岁时，他开了一家属于自己的房地产公司。从此，在美国的四个州，他建造了近一万座公寓，拥有900家连锁店，资产数亿美元。后来，比特又进入到银行业，做起了大总裁。

一位"笨"孩子，他是怎么走向成功的呢？下面三点就是比特自己讲述的：

第一，每个人都有自己最强的一项，有人会写，有人会算，对有些人难的，对另一些人简直容易得如"小菜一碟"。我想强调的是：一定要做最适合自己的事情，不要迎合别人的口味而去做一件不属于自我，但是又要付出一生代价的"难事"。

第二，我非常幸运有如此谅解我、对我容忍又耐心的父母，如果有一个考题，别人只花15分钟，而我必须用2个小时完成的时候，我的父母从来不会因此而打击我。对于我的父母来说，只要自己的儿子尽力而为了，就是他们的目的。

第三，我从不跟自己的同班同学竞争，如果我的同学又高又大，跑得很快，而我又小又矮，为什么一定要跟他们比呢？知道自己在哪里可以停止，这非常重要。我也曾经问过自己千百次，为什么别人可以学习得轻松？为什么我永远回答不了问题？为什么我总要不及格？当知道自己的病症以后，我得到了专业人士的关爱和解释。理解自己和理解周围，非常重要。

笨不要紧，要紧的是付出汗水和努力。意识到自己笨，正是聪明的开始；意识到自己笨，所以要努力，是迈向成功的开始；意识到自己笨，所以要付出超常的努力，是取得成功的开始；意识到自己笨，所以不仅仅需要超常的努力，更需要心平气和给自己足够的耐心。

意志力是一个人性格特征中的核心力量

柏克斯顿曾经是一个头脑简单四肢发达的顽童，他的与众不同之处就在于他坚强的意志力，这种意志力在他幼年曾表现为喜欢暴力、飞扬跋扈和固执己见。他自幼丧父，所幸的是他母亲很有见识。她敦促他磨炼自己的意志，在强迫他服从的同时，对一些可以让他自己去做的事，她总是鼓励他自己拿主意。他母亲坚信如果加以正确引导，形成一个有价值的目标的坚强意志，对一个人来说是最难能可贵的品质。当有人向她谈及儿子的任性时，她总是淡然地说："没关系的，他现在是固执任性，你会看到最终会对他有好处的。"当柏克斯顿处于形成正义还是邪恶的人生目标这一个人生历程的紧要关头，他幸运地与一个家庭以良好的社会品行著称的姑娘结了婚。

意志的力量在他小时候使他成为一个难以管束的顽童，但现在却使他从事什么工作都不知疲倦并且精力充沛。当时身为酿酒工的他不无得意地说："我可以先酿一个小时的酒，再去做数学题，再去练习射击，而且每件事都能聚精会神地去做。"

当他成为一个酿酒公司的经理后，事无巨细他都过问，使公司的生意空前兴隆。即便是在工作非常繁忙的情况下，他仍然每天晚上坚持勤奋自学，研究和消化孟德斯鸠等人关于英国法律的评论。他读书的原则是："看一本书决不半途而废"，"对一本书不能融会贯通熟练运用，就不能说已经读完"，"研究任何问题都要全身心地投入。"

后来，柏克斯顿幸运地跻身于英国议会。在他刚刚步入社会时，他目睹奴隶贸易和奴隶制度的种种黑暗，便下定决心把解决奴隶的问题作为自己最大的人生目标，在他进入英国议会后，他更是把在英国的本土及殖民地上彻底实现奴隶的解放作为自己的奋斗目标，并矢志不渝地努力、奋斗。废除英国本土及其殖民地上的奴隶贸易及奴隶制度，既要与传统势力斗争，又要与维护自身利益的贵族斗争，这项推动历史进程的工作，其艰难可想而知，但柏克斯顿做到了。

事实上，在每一种追求中，作为成功的保证，与其说是才能，不如说是不屈不挠的意志。因此，意志力可以定义为一个人性格特征中的核心力量，概而言之，意志力就是人本身。意志是人的行动的动力之源。真正的希望以它为基础，而且，它就是使现实生活绚丽多彩的希望。

一个人如果下决心要成为什么样的人，或者下决心要做成什么样的事，那么，意志或者说动机的驱动力会使他心想事成，如愿以偿。

第七章
勇于挑战，胆气让忙人敢于展翅

很多人渴望成功，却又惧怕挑战，在机遇面前犹犹豫豫，结果错失良机，后悔莫及。志向远大的人不妨胆子大一些，因为只有敢想敢做才能成功。多尝试，多争第一，有胆量、野心和欲望，成功蕴于其中。不要害怕，也不要顾虑，即使我们输得再惨，我们也还可以重新站起来。失败的人不可耻，反而是那些不敢于尝试的人，才是生活的懦者。

机遇属于有勇气的人

一天，一个年轻人救了一个人，被一个神仙看到了，神仙对他说："因为你救人一命，将来会有三件大事要在你身发生，一、你有机会得到很大的一笔财富；二、你有机会能在社会上获得的崇高的地位；三、你有机会娶到一位漂亮而贤惠的妻子。"

这个人相信神仙的话绝对不会错的，于是他就用一生去等待这三件事情的发生。结果这个人穷困潦倒地度过了他的后半生，直到最后孤独地老死，依旧什么事也么有发生。他升天之后，在天堂上又遇到了那位神仙，于是就问那神仙说："神仙啊，你怎么说话也不算数呢？你曾说过要给我很多的财富，结果我贫困一生；你说让我有很高的社会地位，结果我潦倒一世；你还说我会娶个漂亮贤惠的妻子，结果我一辈子单身。你害我等了一辈子，却一件事也没有在我身上发生，这是为什么？"

神仙回答道："我只承诺过要给你三个机会。一个得到很大一笔财富的机会，一个获得人们尊敬的社会地位的机会，以及一个娶漂亮贤惠的妻子的机会。机会我给了你，可是你自己让这些机会从你身边溜走了。"

这个人迷惑不解的说："我不明白你的意思。"

神仙取出一面镜子让他看镜中浮现的画面：

第一幅画面：他坐在那冥思苦想，然后站起来来回走动，显得犹豫不决，最后他叹了口气说："算了吧！"又坐了下去。神仙说："你当时想到了一个好点子，可是你怕失败而没有去尝试，你因此失去了得到财富的机会！"

神仙接着说道："因为你没有去行动，这个点子被另一个人想到了，那个人经过思考后，毫不犹豫地去做了，他后来成为全国最富有的人。你还羡慕过他，其实那所有财富本该是属于你的呀！"这个人后悔地点了点头。

第二幅画面：他一个人呆在自己的家里，另一边是倒塌的房屋，有近万人被困在倒塌的房子里。

神仙说："这是发生了大地震之后，你本来有机会去救助那些幸存的人，而那个机会可以使你在城里得到极大的尊贵和荣耀！可是你忽视了那些需要你帮助的人，因为你怕有人乘机到你家里打劫偷东西。人命没有你那一点财产重要，你失去了获得崇高地位的机会。"这个人不好意思地点了点头。

第三幅画面：一个头发乌黑的漂亮女子走过，他呆呆地望着那女子的背影，而后摇了摇头，叹了口气。

神仙又说："你曾经被她深深吸引，感觉自己从来未曾这么喜欢过一个女子，以后也不可能再遇到像她这么好的女人了。就是她！他本来该是你的妻子，你们也该有许许多多的快乐，还会有两个可爱的小孩，可是你总认为她不可能喜欢你，更不会答应跟你结婚，你因为害怕被拒绝，所以让她从你身边走过，最后成了别人的妻子！"这个人遗憾地点了点头。

人的一生中总会遇到这样或那样的机遇，但好多人由于对自己没信心，总认为自己办不到、没有希望，加之内向、胆小、好面子等性格原因，轻易不敢尝试，结果白白错过许多可以改变一生的机会，最终人生满是遗憾。其实很多时候只要你敢于鼓起一点勇气去尝试，你就会取得成绩，人生也不会因错失机会而后悔。

勇敢地把"不"说出来

星宇在一个小城找了份工作。刚刚参加工作不久，舅舅来到这个城市看他。星宇陪着舅舅把这个小城转了转，就到了吃饭的时间。

星宇很想好好招待舅舅，因为舅舅一直对星宇很好。然而星宇的身上仅剩20元钱，这已是他所能拿出来招待舅舅的全部资金。他很想找个面馆随便吃一点，可舅舅却偏偏相中了一家体面的餐厅。星宇没办法，只得随他走了进去。

俩人坐下来后，舅舅开始点菜，当他征询星宇的意见时，星宇只是含混地说："随便，随便。"此时，他的心中七上八下，放在衣袋中的手里紧紧抓着那仅有的20元钱。这钱显然是不够的，怎么办？可是舅舅似乎一点也没注意到星宇的不安。饭菜上来了，舅舅不住口地称赞着这儿可口的饭菜，星宇却什么味道都没吃出来。

最后的时刻终于来了，彬彬有礼的服务生拿来了账单，径直向星宇走来，星宇张开嘴，却什么话也说不出来。

舅舅温和地笑了，拿过账单，把钱给了服务生，然后盯着星宇说："孩子，我知道你的感觉，我一直在等你说'不'，可你为什么不说呢？要知道，有些时候一定要勇敢坚决地把这个字说出来，这是最好的选择。我这次来，就是想让你知道这个道理。"

拒绝会不好意思，顾及面子，结果却让你将陷入尴尬的境地，面对自己难以承受之重，学会勇敢的说"不"会让你感到轻松。说"不"的时候不仅意味拒绝，有时候也是对自己的肯定。

不迷信权威

在一次世界优秀指挥家大赛的决赛中,世界著名的交响乐指挥家小泽征尔也是参赛者。当他按照评委会给的乐谱指挥演奏时,发现了不和谐的音符。开始他以为是乐队演奏出了错误,就停下来重新指挥,但一到那里还是不对。他觉得是乐谱有问题。这时,在场的成名作曲家和评委会的权威人士都坚决地说乐谱绝对没有问题,是他错了。

面对众多音乐大师和权威人士,小泽征尔经过再三思考,最后斩钉截铁地大声说:"不!一定是乐谱错了!"话音刚落,音乐大师和评委席上的评委们都报以热烈的掌声,祝贺他大赛夺魁。

原来,这是评委们精心设计的"圈套",目的是以此来考验指挥家在遭到权威人士"否定"的情况下,能否坚持自己的正确主张。前面参加比赛的指挥家也发现了错误,但最终因随声附和权威们的意见而被淘汰。小泽征尔却因为勇敢地说出了"不"而摘取了世界指挥家大赛的桂冠。

太过于迷信权威,太过于顾及权威的想法,你会失去自我。在各个领域做出突出贡献的人,都是敢于对权威说"不"的人,因为如果一个人不敢质疑权威,那么他也就难以攀登自己所从事行业的巅峰。

生活需要勇气

有两个人一起穿越茫茫的戈壁滩,他们带的食物和水都用完了,又饿又渴,其中一个还生病了,行动特别艰难。没有食物还能坚持几天,但如果再找不到水，他们就很难坚持走出去了。

这时，其中健康的那个伙伴从口袋里掏出一把手枪和五发子弹给另一个人，并对他说："我现在要去找水，有了水我们就好办了，要不然非死在这荒漠里。你在这里等着，千万不要离开，每间隔两个小时你就打一枪，枪声指引我，这样我就会找到正确的方向，然后与你会合，要不然我会找不到你。如果你打完所有子弹的两个小时以后，我依旧没有回来的话，那就不要再等我，你一个人看是否有别的办法坚持走出去。"另一个人点了点头。

找水的人离去了，留下的那个人就一个满腹疑虑地躺在沙漠里等待。他按照伙伴说的话去做了，每隔两小时他就打一次枪。时间在焦急的等待中过去，已经打过四次枪了，每打一次他的忧虑就加深一重。只剩下最后一发子弹了，找食物的人却依然没有回来。他开始担心，一会担心那同伴可能找水失败、中途渴死了。一会儿他又担心同伴找到水，弃他而去，不再回来。

他越想就越害怕，越怕就越胡思乱想，就在紧张的等待中又过了两个小时，留下的这个人彻底绝望了。伙伴肯定早已听不见我的枪声，等到这颗子弹用过之后，我一个病人还有什么好办法呢？我只有等死而已！而且，在一息尚存之际，兀鹰会啄瞎我的眼睛，那是多么痛苦的事啊！还不如……"又过了一刻钟，依旧不见找水的伙伴回来，孤独与死亡的恐惧占领了他的内心，他终于忍不住了，他举起了枪，枪声响了，枪口对的是自己的头颅！他用第五颗子弹打死了自己。

枪声响过后不久，那位找水的人，那提着满壶清水的同伴领着一队骆驼商旅循声而至。他们所看到的只是一具尸体。其实这个人只要再坚持一会儿就可以活下来，可他怕朋友不能再回来，他没有勇气独自去面对，因此他放弃了活着走出戈壁的机会。

歌德说过：你如果失去了财产——你只失去了一点，你如果失去了荣誉——你将失去了许多，你失去了勇气——你就把一切都失掉了！人生的道路没有一帆风顺的，在面对曲折与坎坷的时候，你也许会失去活下去的勇气。然而，"千古艰难唯一死。"连死的勇气都有，还不敢坚强地活下去吗？活着就有希望，希望会带来转机，当你遭遇惨淡的人生时，勇于直面吧！

表面的"勇气"不等于真的勇气

故事一：

加州一所学校的六年级班上新转来了一个男孩。这个男孩来自阿肯萨斯，他信仰新约圣经。新约圣经在加州这地方是不受欢迎的，但男孩还是把它放在衣服的口袋里带到学校。这事被别人知道了，没有孩子愿意理他，而且还看不起他，嘲笑他，欺负他。

一次，有几个男孩堵住了他，翻出他的新约圣经说："以后别再把圣经带到学校来！宗教和祈祷都是为胆小鬼设的，你就是一个胆小鬼。"这个男孩虔诚地把圣经递给那几个男孩中最大的一个，并且对他说："看你有没有胆量，把它带到学校，绕着校园走一圈！"那些孩子沉默了，他们无话可说。而这个小男孩敢于把圣经带到学校，敢于面对那些男孩无所畏惧，这种勇气让他们佩服，最终赢得了他们的友谊。

故事二：

有一个很胆小的人，他从小就什么事也不敢做，因此同学们都嘲笑他。父母也为他的胆小发愁，为了使他得到锻炼鼓起勇气，就让他参军了，在部队里他依旧胆小，还是常常被战友嘲笑。后来他考了军校，可是在军校里他还是一样胆小，同学们不仅嘲笑他，还经常逗弄他出洋相，甚至连教官也看不起他。

一次学校组织他们进行扔手雷实弹训练，一个同学为了要让他出丑，拿了一个仿真的手雷，并偷偷地告诉了大家。开始训练了，那个同学"不小心"将仿真的手雷扔到了同学中间，他装作紧张地大叫"小心"，其他同学知道真相，也就跟着一起演戏，做出惊慌的样子。那位胆小的同学也很惊慌，他并不知道大家都想看他出丑，但让人没想到是他扑向了手雷，将它压在了身下。同学们震惊了，都呆立在那里，不是为那假手雷，而是为了他的举动。

　　时间过了许久，当意识到这又是同学们的恶作剧时，他满脸通红地爬了起来，不好意思看大家。这时所有的同学和教官却都为他热烈地鼓起掌来。他不仅不是胆小鬼，反而是敢于担当的大英雄，他的形象在同学眼中立刻改变了。

　　人们对于勇气的理解一直存在误区，其实人们平日说的胆大、敢作敢为等好多的行为并不是真的勇气，那往往只不过是匹夫之勇。真的勇气是在关键时候表现出来的冷静、智慧和大无畏的挑战精神，牺牲精神，正如苏东坡所总结的大勇之所为"匹夫见辱，拔剑而起，挺身而斗，此不足为勇也，天下有大勇者，卒然临之而不惊，无故加之而不怒。此其所挟持者甚大，而其志甚远也"。

为美丽而战的勇气更美丽

　　这是一个真实的故事。

　　在1981年夏季，一位植物学家在雨后穿过一片森林时，遇到了一个水坑。当他想绕过水坑时，却突然受到了意外的攻击！

　　植物学家被连续攻击了三四次，但这攻击只是让他手足无措，却并没有受伤，因为完全出乎意料之外的是攻击他的居然是一只蝴蝶。

植物学家向后退了一步，攻击他的蝴蝶也就停止了攻击；他再向前迈步，那蝴蝶就又发起攻击，一次次猛烈地撞击着植物学家的胸口，他只得再次后退。植物学家向后退一步，蝴蝶就停止了攻击；他刚向前一迈步，那蝴蝶就又向他进攻。往复试了几次，植物学家就停了下来，那蝴蝶就在他面前挥动着漂亮的蝶翅飞舞，却不肯离去。那蝴蝶的非同寻常举动让植物学家感到好奇，毕竟，攻击他的只是一只蝴蝶而已。

于是，植物学家向后退了几步，想看看到底是怎么回事。他后退之后，攻击者飞落到地面上，植物学家终于明白了自己为什么会受到攻击。

就在蝴蝶降落的水坑边，另外一只蝴蝶已奄奄一息。该是它的配偶吧？它靠在它的旁边，扑闪着美丽的翅膀，似乎在用它们的语言诉说。蝴蝶的爱与勇气让植物学家感动不已。它义无反顾地向大它如此之多的人发起攻击，为的竟是避免人对他将逝的伴侣伤害，怕的是万一人不小心踩上了她。尽管她即将死去，尽管面对的不速之客是如此庞大，它还是奋不顾身发起攻击，以图阻止，仅仅是为了延缓她最后宝贵的生命时光。

植物学家明白了他被攻击的原因。他为那蝴蝶的行为所感动，对这美丽的小生灵肃然起敬。于是他小心翼翼地从水坑的另一边绕过，尽管从另一个方向绕过水坑非常泥泞难行。

攻击一个比自己巨大千万倍的巨物来说，需要多么大的勇气！它靠自己的行动赢得了与她相伴的片刻安宁的时光。

生命本生就是一个美丽的过程，当亲情、友情、爱情、正义、尊严……美丽的情感与事物遇到巨大的困难和障碍时，那就勇敢地面对。不要认为自己能力不足，担心做不到，没有试过怎么知道自己没有成功的能力？何况有勇气为美好事物去挑战，本身就是一种美丽！

第七章 勇于挑战，胆气让忙人敢于展翅

127

丢掉你的顾虑

1986年，一位中国留学生应聘一位著名教授的助教。这是一个难得的机会，收入丰厚，又不影响学习，还能接触到最新科技资讯。但当他赶到报名处时，那里已挤满了人。

经过筛选，取得考试资格的各国学生有30多人，成功希望实在渺茫。考试前几天，几位中国留学生使尽浑身解数，打探主考官的情况。几经周折，他们终于弄清内幕——主考官曾在朝鲜战场上当过中国人的俘虏！

中国留学生这下全死心了，纷纷宣告退出："把时间花在不可能的事上，再愚蠢不过了！"

这位留学生的一个好朋友劝他："算了吧！把精力匀出来，多刷几个盘子，挣点儿学费！"但他没听，而是如期参加了考试。最后，他坐在主考官面前。

主考官考察许久，最后给他一个肯定的答复："OK！就是你了！"接着又微笑着说，"你知道我为什么录取你吗？"

年轻留学生诚实地摇摇头。

"其实你在所有应试者中并不是最好的，但你不像你的那些同学，他们看起来很聪明，其实再愚蠢不过。你们是为我工作，只要能给我当好助手就行了，还扯几十年前的事干什么？我很欣赏你的勇气，这就是我录取你的原因！"

后来，年轻留学生听说，教授当年是做过中国军队的俘虏，但中国兵对他很好，根本没有为难他，他至今还念念不忘。

这个留学生就是后来的吴鹰——UT斯达康公司的中国区总裁，《亚洲之星》评出的最有影响力的50位亚洲人之一。

许多人的脑子太复杂，总爱自作聪明，认为机遇总是属于那些最聪明、最优秀的人才，如此轻易的放弃了机遇，因此，他们往往还没有走到挑战的边缘就从心理上就败下阵来。不如想得简单一些，尝试一下再说。也许，好运就在自作聪明的那一扇门后面。

告诉自己我可以

5年前，斯蒂芬·阿尔法经营的是小本农具买卖。他过着平凡而又体面的生活，但并不理想。他一家的房子太小，也没有钱买他们想要的东西。阿尔法的妻子并没有抱怨，很显然，她只是安于天命而并不幸福。

但阿尔法的内心深处变得越来越不满。当他意识到爱妻和他的两个孩子并没有过上好日子的时候，心里就感到深深的刺痛。

但是今天，一切都有了极大的变化。现在，阿尔法有了一所占地2英亩的漂亮新家。他和妻子再也不用担心能否送他们的孩子上一所好的大学了，他的妻子在花钱买衣服的时候也不再有那种犯罪的感觉了。下一年夏天，他们全家都将去欧洲度假。阿尔法过上了真正的好生活。阿尔法说："这一切的发生，是因为我利用了信念的力量。5年以前，我听说在底特律有一个经营农具的工作。那时，我们还住在克利夫兰。我决定试试，希望能多挣一点钱。我到达底特律的时间是星期天的早晨，但公司与我面谈还得等到星期一。晚饭后，我坐在旅馆里静思默想，突然觉得自己是多么的可憎。'这到底是为什么！'我问自己'失败为什么总属于我呢？'"

阿尔法不知道那天是什么促使他做了这样一件事：他取了一张旅馆

的信笺，写下几个他非常熟悉的、在近几年内远远超过他的人的名字。他们取得了更多的权力和工作职责。其中两个原是邻近的农场主，现已搬到更好的边远地区去了；其他两位阿尔法曾经为他们工作过；最后一位则是他的妹夫。

阿尔法问自己：什么是这5位朋友拥有的优势呢？他把自己的智力与他们作了一个比较，阿尔法觉得他们并不比自己更聪明；而他们所受的教育，他们的正直，个人习性等，也并不拥有任何优势。终于，阿尔法想到了另一个成功的因素，即主动性。阿尔法不得不承认，他的朋友们在这点上胜他一筹。

当时已快深夜3点钟了，但阿尔法的脑子却还十分清醒。他第一次发现了自己的弱点。他深深地挖掘自己，发现缺少主动性是因为在内心深处，他并不看重自己。

阿尔法坐着度过了残夜，回忆着过去的一切。从他记事起，阿尔法便缺乏自信心，他发现过去的自己总是在自寻烦恼，自己总对自己说不行，不行，不行！他总在表现自己的短处，几乎他所做的一切都表现出了这种自我贬值。

终于阿尔法明白了：如果自己都不信任自己的话，那么将没有人信任你！

于是，阿尔法做出了决定："我一直都是把自己当成一个二等公民，从今后，我再也不这样想了。"

第二天上午，阿尔法仍保持着那种自信心。他暗暗以这次与公司的面谈作为对自己自信心的第一次考验。在这次面谈以前，阿尔法希望自己有勇气提出比原来工资高750甚至1000美元的要求。但经过这次自我反省后，阿尔法认识到了他的自我价值，因而把这个目标提到了3500美元。结果，阿尔法达到了目的。他获得了成功。

在平凡面前，我们不愿意相信自己的潜力，不愿意为了未知的将来而破坏安宁的局面，而选择继续做一个走固定模式的人。我们每个人身上都有无穷的宝藏，用心去发现，树立自信心，下定决心，告诉自己我可以，从现在做起，成功也就离你不远了。

敢异想则天开

"陛下，给我一条纵帆船出海一战吧，让我把英国佬打得灵魂出窍。"1916年，德国的少校卢克纳尔对威廉二世如是说。

此话一出，所有人都很惊诧不已。

假如这是在中世纪，这样敢于挑战大不列颠的军官固然有些鲁莽，但至少会获得勇敢刚毅的美名。但时光已经到了20世纪，这个时候，帆船早已成为一种古董，已经不可能作为战船来使用了。

卢克纳尔从小就是个富于反叛精神的人。他胆大心细，善于独出心裁，想别人不敢想，做别人不敢做的事情。

幸运的是威廉二世却认真地听取了这位少校的"疯话"。

卢克纳尔向威廉二世解释道："我们海军的头儿们认为我是在发疯，既然我们自己人都认为这样的计划是天方夜谭，那么，英国人一定想不到我们会这样干的吧，那么，我认为我可以成功地用古老的帆船给他们一个教训。"

这段话充分体现了卢克纳尔独特的思维，如果他是一个受过正统军事教育的军官，相比他是很难想出这样的主意的。"老粗"的个性充分凸现，这样的奇思妙想让他与众不同。正因为这样冒险的想法才成就了他的一次辉煌，成就了人生的一次飞跃。

威廉二世被说动了，他同意了卢克纳尔的计划，用一条帆船去袭击英国人的海上航线。

卢克纳尔经过千辛万苦终于找到一条被废弃的老船,取名"海鹰号"。在他亲自设计监督下,这艘船开始古怪的改造工程。

12月24日圣诞夜,海鹰号出击了,顺利突破英国海上封锁线,抵达冰岛水域,大西洋航线已经在望。

正在高兴地时候,海鹰号和英国的复仇号狭路相逢。

海鹰号的火力只有两门107毫米炮,而复仇号却是一艘大型军舰,硬拼显然不是对手。卢克纳尔灵机一动,主动迎上去让他们检查,英国的检查员见是一条帆船,看也不看,放过了这艘暗藏杀机的帆船。

1月9日,到达英国海域后,在卢克纳尔的指挥下,"海鹰号"突然发起进攻战,全歼英国船只,获得了巨大的胜利。

卢克纳尔之所以会成功,在于他想常人不敢想,正因为这种不切实际的做法让敌人处于轻敌的状态,而"海鹰号"则轻而易举的攻入敌方的心脏,从而获得战争的胜利,给一个国家带来了荣誉。拉开历史的帷幕,我们就会发现,凡是世界上有重大建树的人,在其攀登成功高峰的征途中,都会灵活地进行思考,并能够熟练应用起这种不切实际的想法,成就伟业。

别丢掉进取心

巴拉昂是一位年轻的媒体大亨,推销装饰肖像画起家,在不到10年的时间里,迅速跻身于法国五十大富翁之列,1998年因前列腺癌在法国博比尼亚医院去世。临终前,他留下遗嘱,把他4.6亿法郎的股份捐献给博比尼亚医院,用于前列腺癌的研究,另有100万法郎作为奖金,奖给揭开贫穷之谜的人。

巴拉昂去世后,法国《科西嘉人报》刊登了他的一份遗嘱。他说,我曾是一个穷人，去世时却是以一个富人的身份走进天堂的。在跨入天堂的门槛之前，我不想把我成为富人的秘诀带走，现在秘诀就锁在法兰西中央银行我的一个私人保险箱内，保险箱的三把钥匙在我的律师和两位代理人手中。谁若能通过回答穷人最缺少的是什么而猜中我的秘诀，他将能得到我的祝贺。当然，那时我已无法从墓穴中伸出双手为他的睿智而欢呼，但是他可以从那只保险箱里荣幸地拿走100万法郎，那就是我给予他的掌声。

遗嘱刊出之后，《科西嘉人报》收到大量的信件，有的骂巴拉昂疯了，有的说《科西嘉人报》为提升发行量在炒作，但是更多的人还是寄来了自己的答案。

绝大部分人认为，穷人最缺少的是金钱，穷人还能缺少什么？当然是钱了，有了钱，就不再是穷人了。还有一部分人认为，穷人最缺少的是机会。一些人之所以穷，就是因为没遇到好时机，股票疯涨前没有买进，股票疯涨后没有抛出，穷人都穷在背时上。另一部分人认为，穷人最缺少的是技能。现在能迅速致富的都是有一技之长的人。还有的人认为，穷人最缺少的是帮助和关爱。总之，五花八门，应有尽有。

巴拉昂逝世周年纪念日，律师和代理人按巴拉昂生前的交代在公证部门的监视下打开了那只保险箱，在48561封来信中，有一位叫蒂勒的小姑娘猜对了巴拉昂的秘诀。蒂勒和巴拉昂都认为穷人最缺少的是野心，即成为富人的野心。

在颁奖之时，《科西嘉人报》带着所有人的好奇，问年仅9岁的蒂勒，为什么想到是野心，而不是其他的。蒂勒说："每次，我姐姐把她11岁的男朋友带回家时，总是警告我说不要有野心！不要有野心！我想也许野心可以让人得到自己想得到的东西。"

巴拉昂的谜底和蒂勒的回答见报后，引起不小的震动，这种震动甚至超出法国，波及英美。一些好莱坞的新贵和其他行业几位年轻的富翁就此话题接受电台的采访时，都毫不掩饰地承认：野心是永恒的特效药，是所有奇迹的萌发点；某些人之所以贫穷，大多是因为他们有一种无可救药的弱点，即缺乏野心。

强大的野心和强烈的欲望可以使人施展全部的力量，尽力而为即是自我超越，那比做得好还重要。当你有足够强烈的欲望去改变自己命运的时候，所有的困难、挫折、阻挠都会为你让路。欲望有多大，就能克服多大的困难，就能战胜多大的阻挠。你完全可以挖掘生命中巨大的能量，激发成功的欲望，因为欲望有时就有力量。

永远都要坐第一排

20世纪30年代，英国一个不出名的小镇里，有一个叫玛格丽特的姑娘，自小就受到严格的家庭教育。

父亲经常向她灌输这样的观点：无论做什么事情都要力争一流，永远坐在别人前头，而不能落后于人。

"即使坐公共汽车，你也要永远坐在前排。"父亲从来不允许她说"我不能"或"太难了"之类的话。

对于年幼的孩子来说，父亲的要求可能太高了。但他的教育在以后的年代里被证明是非常宝贵的。

正是因为从小就受到父亲的"残酷"教育，才培养了玛格丽特积极向上的决心和信心。

在以后的学习、生活或工作中，她时时牢记父亲的教导，总是抱着一往无前精神和必胜的信念，尽自己最大的努力克服一切困难，做好每一件事情，事事必争一流，以自己的行动实践着"永远坐在前排"的誓言。

玛格丽特在上大学时，学校要求学 5 年的拉丁文课程。她凭着顽强的毅力和拼搏精神，硬是在一年内全部学完了。

令人难以置信的是，她的考试成绩竟然名列前茅。玛格丽特不光在学业上出类拔萃，她的体育、音乐、演讲也是学生中的佼佼者。

她当年的校长这样评价："她无疑是我们建校以来最优秀的学生，她总是雄心勃勃，每件事情都做得很出色。"

正是因为如此，40 多年以后，英国乃至整个欧洲政坛上才出现了一颗璀璨耀眼的明星，她就是连续 4 年当选英国保守党领袖，并于 1979 年成为英国第一位女首相，雄踞政坛长达 11 年之久，被政界誉为"铁娘子"的玛格丽特·希尔达·撒切尔夫人。她使英国在经济、文化和政治生活上都发生了巨大的变化。直到今天，撒切尔夫人对英国的影响力仍然存在，不只是在英国国内，就是在整个国际社会，她都被视为是一位强有力的领导人，她在很大程度上使得外界改变了他们对妇女的印象。

在这个人才辈出，竞争激烈的世界上，想坐在头一排的人不少，真正能坐在前排的人却总不会很多。许多人所以不能坐到"前排"，就是因为他们把"坐在前排"仅仅当作一种人生理想，而没有真正付诸具体行动。

真正的荣耀只能依靠自己

在美国耶鲁大学 300 周年校庆之际，全球第二大软件公司"甲骨文"的行政总裁、世界第四富豪艾里森应邀参加典礼。艾里森当着耶鲁大学校长、教师、校友、毕业生的面，说出一番惊世骇俗的言论。他说："所有哈佛大学、耶鲁大学等名校的师生都自以为是成功者，其实你们全都是失败者，因为你们以在有过比尔·盖茨等优秀学生的大学念书为荣,但比尔·盖茨却并不以在哈佛读过书为荣。"

这番话令全场听众目瞪口呆。至今为止,像哈佛、耶鲁这样的名校从来都是令几乎所有人敬畏和神往的,艾里森也太狂了点儿吧,居然敢把那些骄傲的名校师生称为"失败者"。这还不算,艾里森接着说:"众多最优秀的人才非但不以哈佛、耶鲁为荣,而且常常坚决地舍弃那种荣耀。世界第一富比尔·盖茨,中途从哈佛退学;世界第二富保尔·艾伦,根本就没上过大学;世界第四富,就是我艾里森,被耶鲁大学开除;世界第八富戴尔,只读过一年大学;微软总裁斯蒂夫·鲍尔默在财富榜上大概排在十名开外,他与比尔·盖茨是同学,为什么成就差一些呢?因为他是在读了一年研究生后才恋恋不舍地退学的……"

艾里森接着"安慰"那些自尊心受到一点伤害的耶鲁毕业生,他说:"不过在座的各位也不要太难过,你们还是很有希望的,你们的希望就是,经过这么多年的努力学习,终于赢得了为我们这些人(退学者、未读大学者、被开除者)打工的机会。"

艾里森的话当然偏激,但并非全无道理。几乎所有的人,包括我们自己,经常会有一种强烈的"身份荣耀感"。我们以出生于一个良好家庭为荣,以进入一所名牌大学读书为荣,以有机会在国际大公司工作为荣。不能说这种荣耀感是不正当的,但如果过分迷恋这种仅仅是因为身份带给你的荣耀,那么人生的境界就不可能太高,事业的格局就不可能太大,当我们陶醉于自己的所谓"成功"时,我们已经被真正的成功者看成了失败者。

真正的成功者能令一个家庭、一所母校、一家公司、一个城市乃至一个国家以他为荣。但,他靠的往往不是后者给他的荣耀和给他提供的优越条件,而是靠自己!

大不了回到从前

有一条小河流从遥远的高山上流下来，经过了很多村庄与森林，最后它来到了一个沙漠。

它想：我已经越过了重重障碍，这次应该也可以越过这个沙漠吧！当它决定越过这个沙漠的时候，它发现它的河水渐渐消失在泥沙当中，它试了一次又一次，总是徒劳无功，于是它灰心了，"也许这样就是我的命运了，我永远也到不了传说中那个浩瀚的大海。"它颓丧地自言自语。

这个时候，四周响起一阵低沉的声音："如果微风可以跨越沙漠，那么河流也可以。"原来这是沙漠发出的声音。

小河流很不服气地回答说："那是因为微风可以飞过沙漠，那么为什么我却不行？"

"因为你坚持你原来的样子，所以你永远也无法跨越这个沙漠。你必须让微风带着你飞过这个沙漠，到你的目的地。只要你愿意改变你现在的样子，让自己蒸发到微风中。"沙漠用低沉的声音这么说。

小河流从来不知道有这样的事情，"放弃我现在的样子，那么不等于是自我毁灭了吗？我怎么知道这是真的？"小河流这么问。

"微风可以把水汽包含在它之中，然后飘过沙漠，到了适当的地点，它就把这些水汽释放出来，于是就变成了雨水。然后这些雨水又会形成河流，继续向前进。"沙漠很有耐心地回答。

"那我还是原来的河流吗？"小河流问。

"可以说是，也可以说不是。"沙漠回答，"不管你是一条河流或是看不见的水蒸气，你内在的本质从来没有改变。你会坚持你是一条河

第七章　勇于挑战，胆气让忙人敢于展翅

137

流,是因为你从来不知道自己内在的本质。"

此时小河流的心中,隐隐约约地想起了似乎自己在变成河流之前,似乎也是由微风带着自己,飞到内陆某座高山的半山腰,然后变成雨水落下,才变成今日的河流。

于是小河流终于鼓起勇气,投入微风张开的双臂,消失在微风中,让微风带着它,奔向它生命中的归宿。

人们常常由于怕失去苦心经营的成果而踯躅不前,却忘记了自己生来本是一无所有的,因而影响了远大目标的实现。俗语说得好:"舍不得孩子套不着狼。"我们生命的历程也一样,要有改变自我的勇气才可能跨越生命中的障碍,取得新的突破。怕什么?大不了回到从前的一无所有的境况。

第八章
不要一心只忙工作，人情练达方成功

> 曹雪芹有言："世事洞明皆学问，人情练达即文章。"著书立说离不开世事人情，想要在人生路上取得成就更要有一颗聪明处世的琉璃心。人与人之间利益不同、观念不同、处世方式不同，难免会有争执存在，如果一心只忙工作却不注意人情世故，难免会让自己的人生路走得坎坷颠簸，一旦对手道德低下，更是难免受其"含沙射影"。而如果能够洞悉世事、练达人情，不仅方便躲避成功道路上的致命陷阱，更易于找到攀登胜利之峰的捷径。

只埋头工作不行，还要经营好你的人际关系

设备科科长年老退休了，公司决定从原先的科员中选拔一个当领导。领导研究了一下资历，小李条件很好，工作十分努力，各项评定也都是良好，本来大有希望入选。可是他平常不太和群，和周围同事的关系总是淡淡的，脾气也有点倔强，不太会灵活办事。小李做到这个位置是否能够服众；出了问题，能否和同事阐明问题、妥善解决呢？这些问题难免让领导举棋不定，最终还是把小李否决掉了。

只知埋头于工作却不善于调控人际关系与现在的社会风险已然格格不入，也很难让领导认同你的能力，也就难以提拔，比较越高级的职务，人际关系的重要性也就越大。

"做生意其实很简单，就是做人，往来人情。"李老板做建材行业已有八九年，也交了一大帮朋友。谁的资金链周转不开，他二话不说就打到对方账号上；哪个客户家里老人孩子出了事，他就像自家人一般跑去帮忙。"够义气！"这是生意伙伴对他的一致评价。

2008年原材料涨价，李老板的产品成本增加了很多，如果还按照合同上的价格发货，他将赔得血本无归。关系好的朋友关键时刻伸了把手，这都是以前"讲义气"的功劳。上游的老王在原材料价格上给他稍微让了几个点，下游做销售的孙老板又把给他的价格往上提了提，共同把李老板的损失降到了最低。那年冬天，建材厂哀鸿遍野、纷纷倒闭，李老板却得益于"人情"，捱过了难关。

一位日本企业家曾经深有体会地说："我之所以能有今天的成就，单靠自己的努力是远远不够的，而是得力于广泛的人际关系。我的朋友三教九流都有，如文学家、教育家、学术家、商业家……应有尽有。"

中国也有句俗话："一个篱笆三个桩,一个好汉三个帮。"可见,良好的人际关系是成功的重要因素之一,永远是一项不可缺少的重要资产和财富。想要成功就不能只把眼光放在工作上,更应该注意做好人际关系工作,打好人脉基础。

将生意让给对手

卡尔是位卖砖的商人,由于一位对手的恶性竞争而使他的生意陷入困难之中。对方在他的经销区域内定期走访建筑师与承包商,告诉他们:卡尔的公司不可靠,他的砖块不好,面临即将停业的境地。

卡尔并不认为对手会严重伤害到他的生意。但是这件麻烦事使他心中升起无名之火,真想"用一块砖头敲碎那人肥胖的脑袋"作为发泄。

在一个星期天的早晨,卡尔听了一位牧师的讲道。主题是:要施恩给那些故意跟你为难的人。卡尔把每一个字都记下来。卡尔告诉牧师,就在上个星期五,他的竞争者使他失去了一份25万块砖的订单。但是,牧师却教他要以德报怨、化敌为友,而且举了很多例子来证明自己的理论。

当天下午,当卡尔在安排下周的日程表时,发现住在弗吉尼亚州的一位顾客,要为新盖一间办公大楼购买一批砖。可是他所指定的砖却不是卡尔他们公司所能制造供应的那种型号,而与卡尔的竞争对手出售的产品很相似。同时卡尔也确信那位满嘴胡言的竞争者完全不知道有这个生意机会。

这使卡尔感到为难。如果遵从牧师的忠告,他觉得自己应该告诉对手这项生意的机会,并且祝他好运。但是,如果按照自己的本意,他但愿对手永远也得不到这笔生意。卡尔内心挣扎了一段时间。牧师的忠告

第八章 不要一心只忙工作,人情练达方成功

141

一直盘踞在他的心田。最后，也许是因为很想证实牧师是错的，卡尔拿起电话拨到竞争者的家里。当时，那位对手难堪得说不出一句话来。卡尔就很有礼貌地直接告诉他，有关弗吉尼亚州的那笔生意机会。

有一阵子那位对手结结巴巴地说不出话来，但是很明显的是，他很感激卡尔的帮忙。卡尔又答应打电话给那位住在弗吉尼亚州的承包商，并且推荐由对手来承揽这笔订单。

后来，卡尔得到非常惊人的结果。对手不但停止散布有关他的谎言，而且甚至还把他无法处理的一些生意转给卡尔做。现在，除了他们之间的一些阴霾已经获得澄清以外，卡尔心里也比以前好受多了。

舍弃一点点利益，就可能化敌为友，获得的是良好的合作环境，未来的利润将是投入的多倍，有此等美事，一点点牺牲是值得的。

学会分享而不是"吃独食"

一个农夫请无相禅师为他的亡妻诵经超度，佛事完毕之后，农夫问道："禅师！你认为我的亡妻能从这次佛事中得到多少利益呢？"

禅师照实说道："当然！佛法如慈航普渡，如日光遍照，不只是你的亡妻可以得到利益，一切有情众生无不得益呀。"

农夫不满意地说："可是我的亡妻是非常娇弱的，其他众生也许会占她便宜，把她的功德夺去。能否请您只单单为她诵经超度，不要回向给其他的众生。"

禅师慨叹农夫的自私，但仍慈悲地开导他说："回转自己的功德以趋向他人，使每一众生均沾法益，是个很讨巧的修持法门。'回向'有回事向理、回因向果、回小向大的内容，就如一光不是照耀一人，一光可以照耀大众，就如天上太阳一个，万物皆蒙照耀；一粒种子可以生长万千果实，你应该用你发心点燃的这一根蜡烛，去引燃千千万万支的蜡烛，不仅光亮增加百千万倍，本身的这支蜡烛，并不因此而减少亮光。如果人人都能抱有如此观念，则我们微小的自身，常会因千千万万人的回向，而蒙受很多的功德，何乐而不为呢？故我们佛教徒应该平等看待一切众生！"

农夫仍然顽固地说："这个教义虽然很好，但还是要请禅师为我破个例吧。我有一位邻居张小眼，他经常欺负我、害我，我恨死他了。所以，如果禅师能把他从一切有情众生中除去，那该有多好呀！"

禅师以严厉的口吻说道："既曰一切，何有除外？"听了禅师的话，农夫更觉茫然，若有所失。

自私、狭隘的心理，在这个农夫身上表露无遗。每个人都希望自己好，但如果你容不得别人好或别人比你好而处处妒忌、设陷阱，对方也会如此报复，结果自然是"冤冤相报何时了"，害了别人同时也害了自己。

最伟大推销员的销售秘密

乔·吉拉被誉为世界上最伟大的推销员，他在 15 年中卖出 13001 辆汽车，并创下一年卖出 1425 辆（平均每天约 4 辆）的纪录，这个成绩被收入《吉尼斯世界大全》。那么你想知道他推销的秘诀吗？

曾经有一次一位中年妇女走进乔·古拉的展销室，说她想在这儿看车打发一会儿时间。闲谈中，她告诉乔·吉拉她想买一辆白色的福特车，就像她表姐开的那辆。但对面福特车行的推销员让她过一小时后再去，所以她就来这儿看看。她还说这是她送给自己的生日礼物："今天是我 55 岁生日。""生日快乐！夫人。"乔·吉拉一边说，一边请她进来随便看看。接着乔·吉拉出去交代了一下，然后回来对她说："夫人，您喜欢白色车，既然您现在有时间，我给您介绍一下我们的双门式轿车——也是白色的。"他们正谈着，女秘书走了进来，递给乔·吉拉一打玫瑰花。乔·吉拉把花送给那位妇女："祝您生日快乐，尊敬的夫人。"

显然她很感动，眼眶湿了。"已经很久没有人给我送礼物了，"她说，"刚才那位福特推销员一定是看我开了部旧车，以为我买不起新车。我刚要看车，他却说要去收一笔款，于是我就上这儿来等他。其实我只是想要一辆白色车而已，只不过表姐的车是福特，所以我也想买福特，现在想想不买福特也可以。"

最后她在乔·吉拉这儿买走了一辆雪佛莱，并写了一张全额支票。其实从头到尾乔·吉拉的言语中都没有劝她放弃福特而买雪佛莱的词句，只是因为她在这里感受到了重视，所以放弃了原来的打算，转而选择了乔·吉拉的产品。

乔·吉拉能够取得非凡的成绩不是因为他的口才能力，恰恰相反，他欲擒故纵，时时刻刻尊重客户、为客户着想，让顾客感到温暖、觉得信服。可见，只有得到顾客的心才能得到顾客的支票。

微笑能改变你的生活

威廉·史坦哈已经结婚 18 年多了，在这段时间里，从早上起来，到他要上班的时候，他很少对自己的太太微笑，或对她说上几句话。史坦哈觉得自己是百老汇最闷闷不乐的人。

后来，在史坦哈参加的继续教育培训班中，他被要求准备以微笑的经验发表一段谈话，他就决定亲自试一个星期看看。

现在，史坦哈要去上班的时候，就会对大楼的电梯管理员微笑着，说一声"早安";他以微笑跟大楼门口的警卫打招呼;他对地铁的检票小姐微笑;当他站在交易所时,他对那些以前从没见过自己微笑的人微笑。

史坦哈很快就发现,每一个人也对他报以微笑。他以一种愉悦的态度,来对待那些满肚子牢骚的人。他一面听着他们的牢骚,一面微笑着,于是问题就容易解决了。史坦哈发现微笑带给自己了更多的收入,每天都带来更多的钞票。

史坦哈跟另一位经纪人合用一间办公室,对方的职员之一是个很讨人喜欢的年轻人。史坦哈告诉那位年轻人最近自己在微笑方面的体会和收获,并声称自己很为所得到的结果而高兴。那位年轻人承认说:"当我最初跟您共用办公室的时候,我认为您是一个非常闷闷不乐的人。直到最近,我才改变看法:当您微笑的时候,充满了慈祥。"

你的笑容就是你好意的信使。你的笑容能照亮所有看到它的人。对那些整天都皱眉头、愁容满面的人来说,你的笑容就像穿过乌云的太阳。尤其对那些受到上司、客户、老师、父母或子女的压力的人,一个笑容能帮助他们了解世上的事不仅有牢骚不满、更有阳光快乐、生活也是美好的。

长途车上也能发展友谊

开往城里的长途车,总是在人们睡意蒙蒙时就该出发了,无论是大雪纷飞的冬季还是闷热潮湿的夏季。人们都想快点到达目的地,这比互相了解不相识的人更重要。可有一位中年妇女,她却不这样认为。从她的穿戴上来看,这是一个家境贫寒、生活拮据的女人。而每一次,她都不忘给司机带来一杯热咖啡。

第八章 不要一心只忙工作,人情练达方成功

145

有一位矮胖个子的先生,每次去城里就为买份当期日报,在咖啡馆里泡上一会儿,然后腋下夹着报纸回到车上。有一天他刚想上车就在路边滑倒了,车上的人们立即围了上去,七手八脚地抬起他。有人叫来救护车,救护车刚启动,她就发现了掉在路沟边的那份报纸。司机心领神会地开车紧紧追赶启动不久的救护车,让她可以把报纸从救护车的窗子里塞了进去。

有天傍晚,同坐车的一对夫妇走进一家小餐厅,发现了那位夫人常穿的外套,然后是那张饱经风霜的脸。他们仍像以往那样朝她点头——然而,这次——似乎冰封的河水在春日阳光的照射下融解了——她的脸上出现了只有遇到熟人才会有的表情,语句一字一顿从她口中蹦出。直到那时,他们才发现,她口吃。她有一个低能的儿子,如今送进了特别护理院。坐车去城里看儿子是她每星期最重要的一件事。在餐厅的偶然相遇,使她感到"我们分享了友谊"。

星期日的早晨,那位中年妇女又上车了,同样是那只座位,那条线路,那杯热咖啡。只是放在司机面前的,已不仅仅是一杯热咖啡了。长途车变成了友谊的大家庭。

许多人和陌生人相处时总是感到发怵、不好意思,就摆出冷冰冰的面孔,一副生人勿扰的表情,其实,冷冰冰的面孔下大多藏着渴望志趣相投者的搭讪。所以只要敢于你大方地首先伸出你的双手,对方也一定会给你热情的回报的。

率先行动,赢得和谐的人际关系

从前,苏伯比亚小镇有两个叫乔治和吉姆的邻居,但他们确实不是什么好邻居。虽然谁也记不清到底是为什么,但就是彼此不睦。他们只知道不喜欢对方,这个原因就足够了。

所以他们时有口角发生。尽管夏天在后院开除草机除草时车轮常常碰在一起,但多数情况下双方连招呼也不打。

后来,夏天晚些时候,乔治和妻子外出两周去度假。开始吉姆和妻子并未注意到他们走了。也是,他们注意干什么?除了口角之外,他们相互间很少说话。

但是一天傍晚吉姆在自家院子除过草后,注意到乔治家的草已很高了。自家草坪刚刚除过看上去特别显眼。

对开车过往的人来说,乔治和妻子很显然是不在家,而且已离开很久了。吉姆想这等于公开邀请夜盗入户,而后一个想法像闪电一样攫住了他。

"我又一次看看那高高的草坪,心里真不愿去帮我不喜欢的人。"吉姆说,"不管我多想从脑子里抹去这种想法,但去帮忙的想法却挥之不去。第二天早晨我就把那块长疯了的草坪弄好了!

"几天之后,乔治和多拉在一个周日的下午回来了。他们回来不久,我就看见乔治在街上走来走去。他在整个街区每所房子前都停留过。

"最后他敲了我的门,我开门时,他站在那儿正盯着我,脸上露出奇怪和不解的表情。

"过了很久,他才说话,'吉姆,你帮我除草了?'他最后问。这是他很久以来第一次叫我吉姆。'我问了所有的人,他们都没除。杰克说是你干的,是真的吗?是你除的吗?'他的语气几乎是在责备。

"是的,乔治,是我除的。"我说,几乎是挑战性地,因为我等着他因为我除他的草而大发雷霆。

"他犹豫了片刻,像是在考虑要说什么。最后他用低得几乎听不见的声音嘟囔说谢谢之后,急转身马上走开了。"

乔治和吉姆之间就这样打破了沉默。他们还没发展到在一起打高尔

第八章 不要一心只忙工作,人情练达方成功

147

夫球或保龄球，他们的妻子也没有为了互相借点糖或是闲聊而频繁地走动。但他们的关系却在改善。至少除草机开过的时候他们相互间有了笑容，有时甚至说一声"你好"。先前他们后院的战场现在变成了非军事区。谁知道？他们甚至会分享同一杯咖啡。

假如你想化敌为友，就得迈出第一步。否则，不会有任何进展。当你和别人之间发生矛盾的时候，要主动示好，积极采取可以和解的行动，这样才能赢得和谐的人际关系，享受幸福的人生。

想在交往时受人欢迎就要学会倾听

韦恩是罗宾见到的最受欢迎的人士之一。他总能受到邀请。经常有人请他参加聚会、共进午餐、担任基瓦尼斯国际或扶轮国际的客座发言人、打高尔夫球或网球。

一天晚上，罗宾碰巧到一个朋友家参加一次小型社交活动。他发现韦恩和一个漂亮女孩坐在一个角落里。出于好奇，罗宾远远地注意了一段时间。罗宾发现那位年轻女士一直在说，而韦恩好像一句话也没说。他只是有时笑一笑，点一点头，仅此而已。几小时后，他们起身，谢过男女主人，走了。

第二天，罗宾见到韦恩时禁不住问道："昨天晚上我在斯旺森家看见你和最迷人的女孩在一起。她好像完全被你吸引住了。你怎么抓住她的注意力的？"

"很简单。"韦恩说，"斯旺森太太把乔安介绍给我，我只对她说：'你的皮肤晒得真漂亮，在冬季也这么漂亮，是怎么做的？你去哪呢？阿卡普尔科还是夏威夷？''夏威夷？'她说，'夏威夷永远都风景如画。''你能把一切都告诉我吗？'我说。'当然。'她回答。我们就找了个安静的角落，接下去的两个小时她一直在谈夏威夷。"

"今天早晨乔安打电话给我，说她很喜欢我陪她。她说很想再见到我，因为我是最有意思的谈伴。但说实话，我整个晚上没说几句话。"

看出韦恩受欢迎的秘诀了吗？很简单，韦恩只是让乔安谈自己。他对每个人都这样——对他人说："请告诉我这一切。"这足以让一般人激动好几个小时。人们喜欢韦恩就因为他注意他们。

假如你也想让大家都喜欢，千万千万不要谈自己，而要让对方谈他的兴趣、他的事业、他的高尔夫积分、他的成功、他的孩子、他的爱好和他的旅行，如此等等。让他人谈自己，一心一意地倾听，那么无论走到哪里，你都会大受欢迎。

给对方一个痛哭的机会

英国一个著名的芭蕾舞童星埃利，只有 12 岁，不幸由于骨癌准备截肢。手术前，埃利的亲朋好友，包括她的观众闻讯赶来探望。这个说："别难过，没准儿出现奇迹，还有机会慢慢站起来呢。"那个说："你是个坚强的孩子，一定要挺住，我们都在为你祈祷！"埃利一言不发，默默地向所有人微笑致谢。

她很想见到戴安娜王妃，她优美的舞姿曾得到戴妃的赞美，夸她像"一只洁白的小天鹅"。经过别人转达她的愿望，戴安娜王妃真地在百忙中赶来了。她把埃利搂进怀里说："好孩子，我知道你一定很伤心，痛痛快快地哭吧，哭够了再说。"埃利一下子泪如泉涌。自从得了病，什么安慰的话都有人说了，就是没有人说过这样的话，埃利觉得最能体贴理解她的就是这样的话！

据说，戴安娜虽出身富家，却没受过什么高等教育，她经常说自己笨得像牛，智商不高。但这个故事让我们相信她的情商一定很高，这种独有的天赋让她的形象在人们心中永远那么慈善温柔，颇具亲和力，无人能够替代。

世界上有许多聪明的人，会说许多聪明的话，但是，聪明的话说出来不一定贴切，不一定说得让人欣慰，不一定说得让人心存感激。其实这样的话都是些非常简单的话，可惜简单的话并不是人人懂得该怎么说。

事实上，当别人遭遇坎坷磨难时，我们也许根本帮不上什么忙，只能用一些简单的话去安慰一下，这完全没有效果甚至起反作用。如果你找不到合适的话，就静静陪伴，给对方一个痛哭的机会吧！

摒弃自私狭隘的恶习

村里有两个要好的朋友，他们也是非常虔诚的教徒。有一年，决定一起到遥远的圣山朝圣，两人背上行囊，风尘仆仆地上路，誓言不达圣山朝拜，绝不返家。

两位教徒走啊走，走了两个多星期之后，遇见一位年长的圣者。圣者看到这两位如此虔诚的教徒千里迢迢要前往圣山朝圣，就十分感动地告诉他们："从这里距离圣山还有7天的路程，但是很遗憾，我在这十字路口就要和你们分手了，而在分手前，我要送给你们一个礼物！就是你们当中一个人先许愿，他的愿望一定会马上实现；而第二个人，就可以得到那愿望的两倍！"

听完了圣者的话，其中一个教徒心里想："这太棒了，我已经知道我想要许什么愿，但我绝不能先讲，因为如果我先许愿，我就吃亏了，他就可以有双倍的礼物！不行！"而另外一个教徒也自忖："我怎么可以先讲，让我的朋友获得加倍的礼物呢？"于是，两位教徒就开始客气起来，"你先讲吧！""你比较年长，你先许愿吧！""不，应该你先许愿！"两位教徒彼此推来推去，"客套地"推辞一番后，两人就开始不耐烦起来，气氛也变了："烦不烦啊？你先讲啊！""为什么我先讲？我才不要呢！"

两人推到最后，其中一人生气了，大声说道："喂，你真是个不识相、不知好歹的家伙啊，你再不许愿的话，我就把你掐死！"另外那个人一听，他的朋友居然变脸了，竟然来恐吓自己！于是想，你这么无情无义，我也不必对你太有情有义！我没办法得到的东西，你也休想得到！于是，这个教徒干脆把心一横，狠心地说道："好，我先许愿！我希望……我的一只眼睛……瞎掉！"

很快地，这位教徒的一只眼睛瞎掉了，而与他同行的好朋友，两只眼睛也立刻都瞎掉了！

狭隘的心理不但让两个好朋友闹翻脸，甚至还让人通过伤害自己的方式来毁灭他人。如果一个人养成了狭隘自私的心态，那么他会变得多可怕呀！所以我们必须学会和他人分享。

懂得分享的人，才能拥有一切；自私狭隘的人，终将被人抛弃。无论是工作中还是生活中，我们一定要注意摈弃自私狭隘的习惯，否则做出损人不利己的事情，最终还是害了自己。

在了解真相之前莫冲动

有一个发生在美国阿拉斯加的故事，有一对年轻的夫妇，妻子因为难产死去了，不过孩子倒是活了下来。丈夫一个人既工作又照顾孩子，有些忙不过来，可是找不到合适的保姆照看孩子，于是他训练了一只狗,那只狗既听话又聪明,可以帮他照看孩子。

有一天,丈夫要外出,像往日一样让狗照看孩子。他去了离家很远的地方,所以当晚没有赶回家。第二天一大早他急忙往家里赶,狗听到主人的声音摇着尾巴出来迎接,可是他却发现狗满口是血,打开房门一看,屋里也到处是血,孩子居然不在床上……他全身的血一下子都涌到头上,心想一定是狗的兽性大发,把孩子吃掉了,盛怒之下,拿起刀来把狗杀死了。

就在他悲愤交加的时候,突然听到孩子的声音,只见孩子从床下爬了出来,丈夫感到很奇怪。他再仔细看了看狗的尸体,这才发现狗后腿上有一大块肉没有了,而屋门的后面还有一只狼的尸体。原来,是狗救了小主人,却被主人误杀了。

我们都有这样的经历:本来完美无缺、毫无破绽的计划却因为自己一时冲动而功亏一篑。冲动是成功的大敌,是失败的帮凶,是后悔的因由,保持一份冷静,限制自己的冲动,如此才不致事后后悔。

不带着怒气做任何事

欧玛尔是英国历史上唯一留名至今的剑手。他有一个与他势均力敌的敌手,他同他斗了三十年还不分胜负。在一次决斗中,敌手从马上摔下来,欧玛尔持剑跳到他身上,一秒钟内就可以杀死他。

但敌手这时做了一件事——向他脸上吐了一口唾沫。欧玛尔停住了,对敌手说:"咱们明天再打。"敌手糊涂了。

欧玛尔说:"三十年来我一直在修炼自己,让自己不带一点儿怒气作战,所以我才能常胜不败。刚才你吐我的瞬间我动了怒气,这时杀死你,我就再也找不到胜利的感觉了。所以,我们只能明天重新开始。"

这场争斗永远也不会开始了,因为那个敌手从此变成了他的学生,他也想学会不带一点儿怒气作战。

愤怒常常使我们失去理智,干出蠢事。懂得控制自己的愤怒,才不致让人有机可乘,在生活中,我们也要学会不带着怒气做任何事。

把逆境转化为自己能够忍受的东西

珍子是日本人,她们家世代采珠,她有一颗珍珠是她母亲在她离开日本赴美求学时给她的。

在她离家前,她母亲郑重地把她叫到一旁,给她这颗珍珠,告诉她说:"当女工把沙子放进蚌的壳内时,蚌觉得非常的不舒服,但是又无力把沙子吐出去,所以蚌面临两个选择,一是抱怨,让自己的日子很不好过,另一个是想办法把这粒沙子同化,使它跟自己和平共处。于是蚌开始把它的精力营养分一部分去把沙子包起来。"

"当沙子裹上蚌的外衣时,蚌就觉得它是自己的一部分,不再是异物了。沙子裹上的蚌成分越多,蚌越把它当作自己,就越能心平气和地和沙子相处。"

母亲启发她道:"蚌并没有大脑,它是无脊椎动物,在演化的层次上很低,但是连一个没有大脑的低等动物都知道要想办法去适应一个自己无法改变的环境,把一个令自己不愉快的异己,转变为可以忍受的自己的一部分,人的智能怎么会连蚌都不如呢?尼布尔有一句有名的祈祷词说:"上帝,请赐给我们胸襟和雅量,让我们平心静气地去接受不可改变的事情;请赐给去改变可以改变的事情;请赐给我们智能,去区分什么是可以改变的,什么是不可以改变的。"

我们凭什么一有挫折便怨天尤人，跟自己过不去呢？就像打牌时，既然拿到什么样的牌已经无从选择，那么如何把手中的牌打好就是最重要的。

从失败中学到教训

"我在这儿已做了 30 年，"一位员工抱怨他没有升级，"我比你提拔的许多人多了 20 年的经验。"

"不对，"老板说："你只有一年的经验，你从自己的错误中，没学到任何教训，你仍在犯你第一年刚做时的错误。"

不能从失败中学到教训是悲哀的！即使是一些小小的错误，你都应从其中学到些什么。

"我们浪费了太多的时间，"一位年轻的助手对爱迪生说："我们已经试了 2 万次了，仍然没找到可以做白炽灯丝的物质！"

"不！"爱迪生回答说，"我们的工作已经有了重大的进展。至少我们已知道有 2 万种不能当白炽灯丝的东西。"

这种精神使得爱迪生终于找到了钨丝，发明了电灯，改变了历史。

错误对我们的损失是否非常严重，往往不在错误本身，而在于犯错人的态度。能从失败中获得教训的人，就能把错误的损失降至最低。

英国的索冉指出："失败不该成为颓丧、失志的原因，应该成为新鲜的刺激。"唯一避免犯错的方法是什么事都不做，有些错误确实会造成严重的影响，所谓"一失足成千古恨，再回头已是百年身"。然而，"失败为成功之母"，没有失败，没有挫折，就无法成就伟大的事。

第九章
灵活处世不呆板，忙得有效率

世界上辛苦努力的人千千万，可是能够出人头地的却只有小小的一部分。只会盲目苦干，不懂得筹划谋算的人，只有重复没有前途。只有勤于运用自己的智慧，多思多想，做事不死脑筋，不把自己界定死了，懂得另辟蹊径，出奇制胜，才能使你忙得更有效率，更容易走向成功，创造奇迹。

人生管理的奥秘

在一次管理课上，教授在桌子上放了一个装水的罐子。然后又从桌子下面拿出一些正好可以从罐口放进罐子里的鹅卵石。当教授把石块放完后问他的学生道："你们说这罐子是不是满的？"

"是。"所有的学生异口同声地回答说。"真的吗？"教授笑着问。然后再从桌底下拿出一袋碎石子，把碎石子从罐口倒下去，摇一摇，再加一些，再问学生："你们说，这罐子现在是不是满的？"这回他的学生不敢回答得太快。最后班上有位学生怯生生地细声回答道："也许没满。"

"很好！"教授说完后，又从桌下拿出一袋沙子，慢慢地倒进罐子里。倒完后，于是再问班上的学生："现在你们再告诉我，这个罐子是满的呢？还是没满？"

"没有满。"全班同学这下学乖了，大家很有信心地回答说。"好极了！"教授再一次称赞这些孺子可教的学生们。称赞完了后，教授从桌底下拿出一大瓶水，把水倒在看起来已经被鹅卵石、小碎石、沙子填满了的罐子。当这些事都做完之后，教授正色地问他班上的同学："我们从上面这些事情得到什么重要的功课？"

班上一阵沉默，然后一位自以为聪明的学生回答说："无论我们的工作多忙，行程排得多满，如果要逼一下的话，还是可以多做些事的。"这位学生回答完后心中很得意地想："这门课到底讲的是时间管理啊！"

教授听到这样的回答后，点了点头，微笑道："答案不错，但并不是我要告诉你们的重要信息。"说到这里，这位教授故意顿住，用眼睛向全班同学扫了一遍说："我想告诉各位最重要的信息是，如果你不先将大的鹅卵石放进罐子里去，你也许以后永远没机会把它们再放进去了。"

对于工作中林林总总的事件可以按重要性和紧急性的不同组合确定处理的先后顺序，从而做到鹅卵石、碎石子、沙子、水都能放到罐子里去。对于人生旅途中出现的事件也应如此处理，也就是平常所说的处在哪一年龄段要完成该年龄段应完成的事，否则，时过境迁，到了下一年龄段就很难有机会补救，这是人生管理的奥秘。

别为自己界定束缚

蜈蚣是用上百条细足蠕动前行的。

哲学家青蛙见了蜈蚣，久久地注视着。心里很纳闷：四条腿走路都那么困难，可蜈蚣居然有上百条腿，它如何行走？这简直是奇迹！它又怎么知道该是哪只脚先走，哪只脚后走？接下来又是哪一只呢？有上百条腿呢！

"我是个哲学家，但是被你弄糊涂了，有个问题我解答不了，你是怎么走路的？用这么多条腿走路，这简直不可能！"蜈蚣说："我一生下来就是这样走路的，一直到现在，但我从来没想过这个问题。现在我必须好好思考一下才能回答你。"蜈蚣站在那儿好几分钟，它发现自己动不了了。摇晃了好一会儿，最后蜈蚣终于倒下了。

蜈蚣告诉青蛙："请你不要再去问其他蜈蚣同样的问题。我一直都在走路，这根本不成问题，但现在我已经无法控制自己的脚了！上百条腿都要移动，我该怎么办呢？"

读这个故事时不禁想起另一个关于走路的寓言故事。

有一个燕国人，听说邯郸人走路的样子特别好看，就去那里学习。

第九章 灵活处世不呆板，忙得有效率

157

看到那儿小孩走路，他觉得活泼，他就模仿；看到妇女走路，摇摆多姿，他也模仿；看见老人走路，他觉得稳重，他还是模仿；由于他只知一味地模仿，结果不但没有学会邯郸人走路的样子，反而连自己是怎么走路的也忘了，最后只好爬着回家。

人生追求的不是方式，而是最终目标，所以只要不走歪门邪道，用什么方式并不是最重要的。如果事先作了太多刻板的界定，反而会束缚了自己，甚至导致目标无法实现，最终一事无成。做人对自己有信心，试着去享受生命中的自然，不要事事引经据典，否则会让自己无所适从。

不要在心里为自己能够跳跃的高度设限

有人曾经做过这样一个实验：他往一个玻璃杯里放进一只跳蚤，发现跳蚤立即轻易地跳了出来。再重复几遍，结果还是一样。一测试，原来跳蚤跳的高度一般可达它身体的400多倍左右。接下来实验者再次把这只跳蚤放进杯子里，不过这次是立即同时在杯上加一个玻璃盖，"嘣"的一声，跳蚤重重地撞在玻璃盖上。跳蚤十分困惑，但是它不会停下来，因为跳蚤的生活方式就是"跳"。一次次被撞，跳蚤开始变得聪明起来了，它开始根据盖子的高度来调整自己跳的高度。再一阵子以后呢，发现这只跳蚤再也没有撞击到这个盖子，而是在盖子下面自由地跳动。

一天后，实验者开始把这个盖子轻轻拿掉了，它还是在原来的这个高度继续地跳。三天以后，他发现这只跳蚤还在那里跳。

一周以后发现，这只可怜的跳蚤还在这个玻璃杯里不停地跳着，其实它已经无法跳出这个玻璃杯了。

生活中，是否有许多人也在过着这样的"跳蚤人生"？年轻时意气风发，屡屡去尝试成功，但是往往事与愿违，屡屡失败。几次失败以后，他们便开始不是抱怨这个世界的不公平，就是怀疑自己的能力，他们不是千方百计去追求成功，而是一再地降低成功的标准，即使原有的一切限制已取消，就像刚才的"玻璃盖"虽然被取掉，但他们早已经被撞怕了，或者已习惯了，不再跳上新的高度了。人们往往因为害怕去追求成功，而甘愿忍受失败者的生活。

难道跳蚤真的不能跳出这个杯子吗？绝对不是。只是它的心里面已经默认了这个杯子的高度是自己无法逾越的。

很多人不敢去追求成功，不是追求不到成功，而是因为他们的心里面也默认了一个"高度"，这个高度常常暗示自己的潜意识：成功是不可能的，这是没有办法做到的。"心理高度"是人无法取得成就的根本原因之一。

永远不要奢求十全十美

很久很久以前，在一个城堡里住着一个国王。他有七个女儿，这七位美丽的公主是国王的骄傲。她们不但长的美丽，而且每个人都有一头乌黑亮丽的长发，城堡内外的人们没有不知道的。所以国王送给她们每人一百个漂亮的发夹。

有一天早上，大公主醒来，一如往常地用发夹整理她的秀发，却发现少了一个发夹，于是她偷偷地到了二公主的房里，拿走了一个发夹。二公主发现少了一个发夹，便到三公主房里拿走一个发夹；三公主发现少了一个发夹，也偷偷地拿走四公主的一个发夹；四公主如法炮制拿走了五公主的发夹；五公主一样拿走六公主的发夹；六公主只好拿走七公主的发夹。

于是，七公主的发夹只剩下九十九个。第二天，他们邻国一个英俊的王子忽然来到皇宫，他对国王说："昨天我养的百灵鸟叼回了一个发夹，我想这一定是属于公主们的，而这也真是一种奇妙的缘分，不晓得是哪位公主掉了发夹？"

七位公主们听到了这件事，都在心里想说："是我掉的，是我掉的。"可是头上明明完整的别着一百个发夹，却说不出，所以都懊恼得很。只有七公主走出来说："我掉了一个发夹。"话才说完，一头漂亮的长发因为少了一个发夹，全部披散了下来，王子不由得看呆了。故事的结局，想当然的是王子与七公主从此一起过着幸福快乐的日子。

米洛斯的维纳斯雕像是希腊划时代的一件不寻常的杰作，它以卓越的雕刻技巧，完美的艺术形象，高度的诗意和巨大的魅力获得了观众的赞赏。她失去的双臂更是给人留下了充分的想象空间，更是令人觉得有一种摄人心魄的美的魅力，透散出一种缺憾的美。曾几许，有人想为她接上断臂而提出过种种奇思异想。认为如果把她失去的双臂复原的话，那一定会更全更美。但是，"十全"的是否就一定"十美"？美的是否一定要"全"呢？维纳斯失去了美丽的双臂，但却出乎意料地获得了一种不可思议的抽象的艺术效果，给人一种难以准确描绘的神秘气氛。试想，如果她原本双臂就完好，难道还会有那种神秘的魅力来吸引、攫住众人的心吗？还会引得那么多的人来研究她吗？失去给人带来一种缺憾美，但断臂的维纳斯正是因为不害怕失去，才获得比失去了的更有价值的艺术美。不过，承认缺憾的美感并不是不去奋斗追求。追求完美、正视缺憾才是人生最高的境界。

生活中，许多人喜欢追求完美，但真正的完美没有几个人能追求到。于是就有了遗憾，有了痛苦，有了失落感。其实这大可不必，因为缺憾也有它的美，就看人们是否能体会得到。逃避不一定躲得过，面对不一定最难受，孤单不一定不快乐，得到不一定能长久，失去不一定不再有，转身不一定最软弱，别急着对自己说别无选择。

避免"羚羊的思维"

为了达到你的目标，你必须避免那种被美国心理学家考克斯称之为"羚羊的思维"的东西。一次，考克斯和约翰一起进行了一次凌晨穿越赛伦吉提大平原的飞行。景色非常优美，他们能看见大象、狮子和大群羚羊席卷穿过整个平原。

"羚羊的数量这么大，真是一件好事啊！"，他们的非洲导游注意到他们正盯着那一大群羚羊时沉吟道，"否则，这个物种很快就会灭绝。"

考克斯问他为什么这么说，他笑了，然后指着一头停止奔跑的羚羊说："你将会注意到那头羚羊跑不了多远了。它们停下来不是因为意识到有什么重要的事情需要思考，也不是因为它们累了，是因为它们太愚蠢以至于忘记了当初它们为什么要奔跑。它们发现了天敌，本能地逃开，开始向相反的方向跑。但是它们忘记了是什么促使它们奔跑，甚至有时候是在最不适当的时候停下来。我曾经看见它们就停在天敌旁边，有时甚至向某个天敌走过去，似乎它们已经忘记了这是否就是同一种在几分钟以前让自己惊慌失措的动物。它们就差冲上去说：嘿！狮子先生，你饿了吗？在找午餐吗？如果不是有一大群羚羊的话，我想这整个种群将在几个星期之内被消灭干净。"

当时，考克斯在热气球里很容易去嘲笑那些羚羊，而在这次飞行结束以前，他发现自己有了一个很有趣的想法——在现实的商业世界中，他曾经见过同样的问题。

是不是有许多人有一些举动让你想起那些羚羊呢？他们有不错的主

第九章 灵活处世不呆板，忙得有效率

161

意，他们为自己设立了一个目标，而且为这个目标努力了一天或者仅仅半天。也许他们只是谨慎地四处溜达了 40 分钟罢了。40 分钟以后，他们发现他们并没有达到目标。然后他们就会对自己说："嗯，这太难了。这比我想象的难多了。"接着他们就会永远停在那里一动不动。

为了避免羚羊思维，你必须确定一个目标，然后坚持不懈地向它努力。你不要想在路上停下来，而且给自己设想的"天敌"——竞争对手逼近的时候，你更不能停下来。当每天结束的时候，你必须好好总结一下，并且问自己："距离我为自己设定的主要目标，今天我又走近了多少？"如果你没有为达到目标做出什么有意义的行动，也就是说今天你停在路上，那么你必须决心从此时此刻开始就让自己振作起来。

生活中许多人是习惯性羚羊思维的牺牲品。通常，问题并不是在他们朝目标努力的过程中犯错，而是他们没有坚持继续向目标努力。

用小步稳妥地向成功靠近更容易

报纸上曾经报道一位拥有 100 万美元的富翁，原来却是一位乞丐。在许多人心中难免怀疑：依靠人们施舍一分、一毛的人，为何却拥有如此巨额的存款？事实上，这些存款当然并非凭空得来，而是由一点点小额存款累聚而成。一分到十元，到千元、到万元，到百万，就这么积聚而成。若想靠乞讨很快存满 100 万美元，那是几乎不可能的。

为了要达成主目标，不妨先设定"次目标"，这样会比较容易于达到目的。许多人会因目标过于远大，或理想太过崇高而易于放弃，这是很可惜的。若设定了"次目标"，便可较快获得令人满意的成绩，能逐步完成"次目标"，心理上的压力也会随之减小，主目标总有一天也能完成。

曾经有一位63岁的老人从纽约市步行到了佛罗里达州的迈阿密市。经过长途跋涉，克服了重重困难，她到达了迈阿密市。在那儿，有位记者采访了她。记者想知道，这路途中的艰难是否曾经吓倒过她？她是如何鼓起勇气，徒步旅行的？

老人答道："走一步路是不需要勇气的。我所做的就是这样。我先走了一步，接着再走一步，然后再一步，我就到了这里。"

做任何事，只要你迈出了第一步，然后再一步步地走下去，你就会逐渐靠近你的目的地。如果你知道你的具体的目的地，而且向它迈出了第一步，你便离成功之巅越来越近！

不要为了出风头而行动

拉利·华特斯是一个卡车司机，他毕生的理想是飞行。他高中毕业后便加入了空军，希望成为一位飞行员。很不幸，他的视力不及格，因此当他退伍时，只能看着别人驾驶喷气式战斗机从他家后院飞过，他只有坐在草坪的椅子上，幻想着飞行的乐趣。

一天，拉利想到一个法子。他到当地的军队剩余物资店，买了一筒氦气和45个探测气象用的气球。那可不是颜色鲜艳的气球，而是非常耐用、充满气体时直径达四英尺大的气球。在自家的后院里，拉利用皮条把大气球系在草坪的椅子上，他把椅子的另一端绑在汽车的保险杆上，然后开始给气球充气。接下来他又准备了三明治、饮料和一支气枪，以便在希望降落时可以打破一些气球，以使自己缓缓下降。

完成准备工作之后，拉利坐上椅子，割断拉绳。他的计划是慢慢地降落回到地上。但事实可不是如此。当拉利割断拉绳，他并没有缓缓上升，而是像炮弹一般向上发射；他也不仅是飞到200英尺高，而是一直向上爬升，直停在11000英尺的高空！在那样的高度，他不敢贸然弄破任何一个气球，免得失去平衡，在半空中突然往下坠落。于是他停留在空中，飘浮了大约十四小时，他完全不知道该怎样回到地面。

终于，拉利飘浮到洛杉矶国际机场的进口通道。一架法美航机的飞行员通知指挥中心，说他看见一个家伙坐在椅子上悬在半空，膝盖上还放着一支气枪。

洛杉矶国际机场的位置是在海边，到了傍晚，海岸的风向便会改变。那时候，海军立刻派出一架直升机去营救；但救援人员很难接近他，因为螺旋桨发出的风力一再把那自制的新奇机械吹得愈来愈远。终于他们停在拉利的上方，垂下一条救生索，把他慢慢地拖上去。

拉利一回到地面便遭到逮捕。当他被戴上手铐，一位电视新闻记者大声问他："华特斯先生，你为什么这样做？"拉利停下来，瞪了那人一眼，满不在乎地说："人总不能无所事事。"

几乎每个人都知道，人总不能无所事事，人生必须有目标，必须采取行动！但是，聪明的人知道，目标必须切合实际，行动也必须积极有效。不能为了出风头或一时痛快而不顾可能产生的不良后果。

先降低一下标准

一个初秋的傍晚，一只蝴蝶从窗户飞进来，在房间里一圈又一圈地飞舞，不停地拍打着翅膀，它显得惊慌失措。显然，它迷了路。

蝴蝶左冲右突努力了好多次，都没能飞出房子。这只蝴蝶之所以无法从原路出去，原因在于它总在房间顶部的那点空间寻找出路，总不肯往低处飞——低一点的地方就是开着的窗户。甚至有好几次，它都飞到离窗户顶部至多两三寸的位置了。

最终，这只不肯低飞一点的蝴蝶耗尽全部气力，奄奄一息地落在桌上，像一片毫无生机的叶子。

其实，把目前目标降低一下，它就可以达到目的并在有机会冲击湛蓝的天空。

远大的理想给人的感觉往往多是遥不可及的，所以总会让人觉得枯燥、疲惫。如果把它分成若干段，每段都是一个小目标，这样既容易实现又有一种成就感，总是一个喜悦接一个喜悦，这样就很易坚持下来，当然理想也就很易实现了。

不要让目标虚无飘渺无法实现

曾有人做过一个实验：组织三组人，让他们分别沿着十公里以外的三个村子步行。

第一组的人不知道村庄的名字，也不知道路程有多远，只告诉他们跟着向导走就是。刚走了两三公里就有人叫苦，走了一半时有人几乎愤怒了，他们抱怨为什么要走这么远，何时才能走到？有人甚至坐在路边不愿走了，越往后走他们的情绪越低。

第二组的人知道村庄的名字和路段，但路边没有里程碑，他们只能凭经验估计行程时间和距离。走到一半的时候大多数人就想知道他们已经走了多远，比较有经验的人说："大概走了一半的路程。"于是大家又簇拥着向前走，当走到全程的四分之三时，大家情绪低落，觉得疲惫不堪，而路程似乎还很长，当有人说："快到了！"大家又振作起来加快了步伐。

第三组的人不仅知道村子的名字、路程，而且公路上每一公里就有一块里程碑，人们边走边看里程碑，每缩短一公里大家便有一小阵的快乐。行程中他用歌声和笑声来消除疲劳，情绪一直很高涨，所以很快就到达了目的地。

人们的行动有明确的目标，并且把自己的行动与目标不断加以对照，清楚地知道自己的进行速度和与目标相距的距离时，行动的动机就会得到维持和加强，人就会自觉地克服一切困难，努力达到目标。目标设计的越具体越细化越容易实现。老子说：天下大事，必做于细。"细"就是一个明确的目标。

与人合作或分配工作时，设法让别人知道明确的目标，会激发同事或下属的斗志，不至于让别人在漫无目的的努力之中失去动力。其实，人都一样，不了解具体该干些什么，不知道离目标的确切距离，很容易产生不良情绪，从而影响到工作态度和工作热诚。

抱残守缺不如果断放弃

这只是一个美丽的神话，却告诉我们一个深刻的哲理。

有个年轻美丽的女孩，多才多艺，又出身豪门，家产丰厚，日子过得很好。但媒婆都快把她家的门槛给踩烂了，她却一直不想结婚，因为她觉得还没见到她真正想要嫁的那个男孩。直到有一天，她去一个庙会散心，在万千拥挤的人群中，看见了一个年轻的男子，不用多说什么，反正女孩觉得那个男子就是她苦苦等待的白马王子。可惜，庙会太挤了，她无法走到那个男子的身边，只能眼睁睁地看着他消失在人群中。

后来的两年里，女孩四处去寻找那个男子，但这人就像蒸发了一样，无影无踪。女孩每天都向佛祖祈祷，希望能再见到那个男子。她的诚心打动了佛祖，佛祖显灵了。佛祖说：

"你想再看到那个男人吗？"

女孩说:"是的!我只想再看他一眼!"

佛祖说:"要你放弃你现在的一切,包括爱你的家人和幸福的生活,你会吗?"

女孩说:"我能放弃!"

佛祖说:"你还必须修炼五年道行,才能见他一面。你不后悔?"

女孩说:"我不后悔!"

佛祖将女孩变成了一块大石头,躺在荒郊野外。经历了四年多的风吹日晒,苦不堪言,但女孩都没觉得难受,让她难受的是这四年都看不到一个人,看不见一点点希望,这简直让她快崩溃了。

最后一年,一个采石队来了,看中了她的巨大,把她凿成一块巨大的条石,运进了城里,他们正在建一座石桥,于是,女孩变成了这座石桥的护栏。就在石桥建成的第一天,女孩就看见了那个她等了五年的男人!他行色匆匆,像有什么急事,很快地从石桥的正中走过。

当然,他不会发觉有一块石头正目不转睛地望着他。男子又一次消失了。佛祖再次出现在她的面前,问她道:

"你满意了吗?"

"不!女孩说:为什么?为什么我只是桥的护栏?如果我被铺在桥的正中,我就能碰到他了,我就能摸他一下!"

佛祖说:"你想摸他一下?那你还得修炼五年!"

女孩说:"我愿意!"

佛祖说:"你放弃了那么多,又吃了这么多苦,不后悔?"

女孩说:"不后悔!"

佛祖将女孩变成了一棵大树,立在一条人来人往的官道上,这里每天都有很多人经过,女孩每天都在路旁观望。然而这更难受,因为无数次满怀希望的看见一个人走来,又无数次希望破灭。如果不是有前五年的修炼,相信女孩早就崩溃了!日子一天天的过去,女孩的心逐渐平静

第九章 灵活处世不呆板,忙得有效率

167

了，她知道，不到最后一天，他是不会出现的。又是一个五年啊！最后一天，女孩知道他会来了，但她的心中竟然不再有激动。来了！他来了！他还是穿着他最喜欢的白色长衫，脸还是那么俊美，女孩痴痴地望着他。

这次，他没有急匆匆地走过，因为，天太热了。他注意到路边有一棵大树，那浓密的树阴很诱人，休息一下吧，他这样想。他走到大树脚下，靠着树根，微微的闭上了双眼，他睡着了。女孩摸到他了！他就靠在她的身边！但是，她却无法告诉他，这多年的相思。她只有尽力把树阴聚集起来，为他挡住毒辣的阳光。多年的柔情啊！男人只是小睡了一刻，因为他还有事要办，他站起身来，拍拍长衫上的灰尘，在动身的前一刻，他回头看了看这棵大树，又微微地抚摸了一下树干，大概是为了感谢大树为他带来清凉吧。然后，他头也不回地走了！就在他消失在她的视线的那一刻，佛祖又出现了。佛祖再次问："你放弃了那么多，又吃了这么多苦，不后悔？"

女孩说："不后悔！"

佛祖："哦？"

女孩说："他现在的妻子也像我这样受过苦吗？"

佛祖微微点了点头说："是的，而且比你受的苦还要多得多！你是不是还想做他的妻子？那你还得修炼，直到……"

女孩平静地打断了佛祖的话："我是很想，但是不必了。"

然后女孩微微一笑，接着道："我也能做到的，但是真的不必了。他既已是别人的丈夫，原本不该属于我。这样已经很好了，爱他，并不一定要做他的妻子。"

爱情的快乐就在于爱。其实，爱的过程比结果更让人激动和幸福。爱一个人，不一定就要拥有他，太多的原因不能够在一起时，就要学会放弃，这对双方都是有益的。

这只是个故事，但生活中类似的事情太多，太多……比如另一个小故事：

一次春游时，一位老者一不小心将刚买的新鞋掉到山崖下一只，周围的人倍感惋惜。不料那老者立即把第二只鞋也扔了下去。这一举动令大家很吃惊。老者解释道："这一只鞋无论多么昂贵，对我而言都没用了，如能有谁捡到一双鞋子，说不定他还能穿呢！"

执著固然让人钦佩，然而放弃则更需要勇气。当努力的结果与付出失去了平衡时，当所有的执著不再有什么意义时，一定要有勇气放弃，那将会绽放出另一种美丽的花朵。成就大事的人大多有执著的毅力，但是他们懂得随势而动，绝不固执，该放手时就放手。而缺乏这种境界的人，过于执著，最终抱憾终身。

不因执念而烦恼

唐代高僧寒山禅师曾作《蒸砂拟作饭》的诗偈：
蒸砂拟作饭，临渴始掘井。
用力磨碌砖，那堪将作镜。
佛说元平等，总有真如性。
但自审思量，不用闲争竞。

后人常以"磨砖成镜"，来比喻那些执著于无望事情的愚蠢行为。寒山禅师的诗中前四句连用"蒸砂做饭、临渴掘井"两个禅宗话头和"磨砖成镜"的譬喻，都指出参禅若寻不得途径，即便是有执著精神，也必然是南辕北辙、一事无成。

神赞和尚原来在福州大中寺学习，后来外出参访的时候遇见百丈禅师而开悟，随后又回到了原来的寺院。他的老师问："你出去这段时间，取得什么成就没有？"神赞说："没有"，还是照着以前的样子服侍师父，做些杂役。

有一次老师洗澡，神赞给他搓背的时候说："大好的一座佛殿，可惜其中的佛像不够神圣。"见到老师回头看他，神赞又说："虽然佛像不神圣，可是却能够放光！"

又有一天老师正在看佛经，有一只苍蝇一个劲儿地向纸窗上撞，试图从那里飞出去。神赞看到这一幕，禁不住做偈一首："空门不肯出，投窗也太痴，百年钻故纸，何日出头时？"

他的老师放下手中佛经问道："你外出参学期间到底遇到了什么高人，为什么你访学前后的见解差别如此之大？"神赞只好承认："承蒙百丈和尚指点有所领悟，现在我回来是要报答老师您的恩情。"

神赞见到老师为书籍文字所困，不好意思直接点明，只好借助苍蝇的困境来指出老师的不足。文字语言都是一时一地的工具，事过境迁再执著于文字，就如同那只迷惑的苍蝇一样总是碰壁啦。

倘若一个人能够放下心中的那份执著、破除心理的固执念头，人生将会少许多烦恼、多些成功。相反，如果我们过于执著于那些本不该执著的事情，我们将会迷失更多的人生。

找出问题的关键所在

英国一家报纸举办一项高额奖金的有奖征答活动。

题目是：在一个充气不足的热气球上，载着三位关系人类兴亡的科学家，热气球即将坠毁，必须丢出一个人以减轻载重。三个人中，一位是环保专家，他的研究可拯救无数生命因环境污染而身陷死亡的厄运；一位是原子专家，他有能力防止全球性的原子战争，使地球免遭毁灭；

另一位是粮食专家，他能够使不毛之地生长谷物，让数以亿计的人们脱离饥饿。

奖金丰厚，应答信件众说不一。巨额奖金的得主却是一个小男孩，小男孩的答案是——把最胖的科学家丢出去。

工作之中，常会遇到千头万绪，问题多多的情况。往往弄得我们晕头转向，不辨东西，这时分清问题的轻重缓急，找到其中最迫切需要解决的问题，并且集中力量解决它，是最该做的事。

灵活的思维让努力事半功倍

从前有两个年轻人，一个叫小山，一个叫小水，他们住在同一村庄，是最要好的朋友。由于居住在偏远的乡村谋生不易，他们就相约到外地去做生意，于是同时把田产变卖，带着所有的财产和驴子到远地去了。

他们首先抵达一个盛产麻布的地方，小水对小山说："在我们的故乡，麻布是很值钱的东西，我们把所有的钱换取麻布，带回故乡一定会有利润的。"小山同意了，两人买了麻布，细心地捆绑在驴子背上。

接着，他们到了一个盛产毛皮的地方，那里也正好缺少麻布，小水就对小山说："毛皮在我们故乡是更值钱的东西，我们把麻布卖了，换成毛皮，这样不但我们的本钱收回了，返乡后还有很高的利润！"

小山说："不了，我的麻布已经很安稳地捆在驴背上，要搬上搬下多么麻烦呀！"

小水把麻布全换成毛皮，还多了一笔钱。小山依然有一驴背的麻布。

他们继续前进到一个生产药材的地方，那里天气苦寒，缺少毛皮和麻布，小水就对小山说："药材在我们故乡是更值钱的东西，你把麻布卖了，我把毛皮卖了，换成药材带回故乡一定能赚大钱的。"

小山拍拍驴背上的麻布说："不行，我的麻布已经很安稳的在驴背上，何况已经走了那么长的路，装上卸下地太麻烦了！"小水把毛皮都换成药材，又赚了一笔钱。小山依然有一驴背的麻布。

后来，他们来到一个盛产黄金的小镇，那是个不毛之地，非常欠缺药材，当然也缺少麻布。小水对小山说："在这里药材和麻布的价钱很高，黄金很便宜，我们故乡的黄金却十分昂贵，我们把药材和麻布换成黄金，这一辈子就不愁吃穿了。"

小山再次拒绝了："不！不！我的麻布在驴背上很稳，我不想变来变去呀。"小水卖了药材，换成黄金，小山依然守着一驴背的麻布。

最后，他们回到了故乡，小山卖了麻布，虽然也获得了一定的利益，但和他辛苦的远行不成比例。而小水不但带回一大笔财富，而且把黄金卖后，更一跃成为当地最大的富翁。

执著的精神固然可贵，但过于的执著就是迂腐麻木，因为任何事物都不是一成不变的，如果在前进的路途上有变化时，我们应该学会多角度地考虑问题，适当的加以变通，唯有这样才能使自己立于不败之地。

第十章
热情投入工作,忙得有乐趣

工作不仅是为了满足生存的需要,同时也是实现个人人生价值的需要,人可以通过工作来学习,可以通过工作来获取经验、知识和信心。你对工作投入的热情越多,决心越大,工作效率就越高。当你抱有这样的热情时,上班就不再是一件苦差事,忙也忙得有乐趣。

尽量从工作中寻找乐趣

当我们在做自己喜欢的事情时,很少感到疲倦,很多人都有这种感觉。比如在一个假日里你到湖边去钓鱼,整整在湖边坐了10个小时,可你一点都不觉得累,为什么?因为钓鱼是你的兴趣所在,从钓鱼中你享受到了快乐。产生疲倦的主要原因,是对生活厌倦,是对某项工作特别厌烦。这种心理上的疲倦感往往比身体上的体力消耗更让人难以支撑。

心理学家曾经做过这样一个实验。他把18名学生分成两个小组,每组9人,让一组的学生从事他们感兴趣的工作,另一组的学生从事他们不感兴趣的工作,没有多长时间,从事自己所不感兴趣的那组学生就开始出现小动作,再一会儿就抱怨头痛、背痛,而另一组的学生正干得起劲呢!以上经验告诉人们:疲倦往往不是工作本身造成的,而是因为工作的乏味、焦虑和挫折所引起的,它消磨了人们对工作的兴趣与干劲。

"我怎么样才能在工作中获得乐趣呢?"一位企业家说,"我在一笔生意中刚刚亏损了15万元,我已经完蛋了,再没脸见人了。"很多人就常常这样把自己的想法加入既成的事实。实际上,亏损了15万元是事实,但说自己完蛋了没脸见人,那只是自己的想法。一位英国人说过这样一句名言:"人之所以不安,不是因为发生的事情,而是因为他们对发生的事情产生的想法。"也就是说,兴趣的获得也就是个人的心理体验,而不是发生的事情本身。

事实上,工作中的很多时候,我们都能寻找到乐趣,正如亚伯拉罕·林肯所说的:"只要心里想快乐,绝大部分人都能如愿以偿。"

不要做一天和尚撞一天钟，工作需要积极主动

在美西战争期间，美国必须立即跟西班牙的反抗军首领加西亚将军取得联系，而加西亚正在古巴丛林的山里，没有人知道确切的地点，所以无法写信或打电话给他。美国总统必须尽快地获得他的合作。这时，有人说："有一个叫罗文的人，有办法找到加西亚。"

当罗文从总统手中接过写给加西亚的信之后，并没有问："他在什么地方？怎么去找？"他经过千辛万苦，在几个星期后，把信交给了加西亚。

就是这么简单的一个故事，但是，它却流传到世界各地。《把信带给加西亚》的作者这样写到："像他这种人，我们应该为他塑造不朽的雕像，放在每一所大学里。年轻人所需要的不是学习书本上的知识，也不是聆听他人种种的指导，而是要加强一种敬业精神，对于上级的托付，立即采取行动，全心全意去完成任务——'把信带给加西亚'。"

"凡是需要众多人手的企业经营者，有时候都会因为一般人的被动无法或不愿专心去做一件事而大吃一惊，懒懒散散，漠不关心、马马虎虎的做事态度，似乎已经变成常态；除非苦口婆心、恩威并施地叫属下帮忙，或者除非奇迹出现，上帝派一名助手给他，没有人能把事情办成。"

"我钦佩的是那些不论老板是否在办公室都努力工作的人；我也敬佩那些能够把信交给加西亚的人；静静地把信拿去，不会提出任何愚笨问题，也不会存心随手把信丢进水沟里，而是不顾一切地把信送到；这种人永远不会被'解雇'，也永远不必为了要求加薪而罢工。这种人不论要求任何事物都会获得。他在每个城市、村庄、乡镇，每个办公室、

公司、商店、工厂，都会受到欢迎。世界上急需这种人才，这种能够把信带给加西亚的人。"

工作态度就像个人形象一样，也能反映出一个人的思想，可以改变他人对你的看法，决定着一个人的成与败。高尔基曾说过："工作如果是快乐的，那么人生就是乐团；工作如果是强制的，那么人生就是地狱。"只有珍惜自己的工作的人，才能投入自己的热情与精力，并从中得到快乐；而那些把工作看成是一种负担，整天混日子的人，迟早会被淘汰出局。

不要因为枯燥而失去乐趣

有一个在麦当劳工作的人，他的工作是煎汉堡。他每天都很快乐地工作，尤其在煎汉堡的时候，他更是用心，许多顾客看到他心情愉快地煎着汉堡，都对他为何如此开心感到不可思议，十分好奇，纷纷问他说："煎汉堡的工作环境不好，又是件单调乏味的事，为什么你可以如此愉快地工作？"

这个煎汉堡的人说："在我每次煎汉堡时，我便会想到，如果点这汉堡的人可以吃到一个精心制作的汉堡，他就会很高兴，所以我要好好地煎汉堡，帮助吃到我做的汉堡的人能感受到我带给他们的快乐。看到顾客吃了之后十分满足，并且神情愉快地离开时，我便感到十分高兴，心中仿佛觉得又完成一件重大的工作。因此，我把煎好汉堡当作是我每天工作的一项使命，要尽全力去做好它。"

顾客们听了他的回答之后，对他能用这样的工作态度来煎汉堡，都感到非常钦佩。他们回去之后，就把这样的事情告诉周围的同事、朋友或亲人，一传十、十传百，很多人都来到这家麦当劳店吃他煎的汉堡，同时看看"快乐的煎汉堡的人"。

顾客纷纷把他们看到这个人的认真、热情的表现，反映给公司；公司主管在收到许多顾客的反映后，也去了解情况。公司有感于他这种热情积极的工作态度，认为值得奖励并给予栽培。没几年，他便升为区经理了。

以工作为乐，就会对工作有热情，就会以认真负责的态度对待工作，别人看到了你工作的态度和成绩，机会自然就来了。

不要只是简单重复工作，要大胆革新

有两个和尚分别住在相邻的两座山上的庙里。这两座山之间有一条溪，于是这两个和尚每天都会在同一时间下山去溪边挑水，久而久之他们便成为了好朋友。

就这样时间在每天挑水中不知不觉已经过了五年。突然有一天左边这座山上的和尚没有下山挑水，右边那座山上的和尚心想："他大概睡过头了。"便不以为意。

哪知道第二天左边这座山的和尚还是没有下山挑水，第三天也一样。过了一个星期还是一样，直到过了一个月右边那座山的和尚终于受不了，他心想："我的朋友可能生病了，我要过去拜访他，看看能帮上什么忙。"于是他便爬上了左边这座山，去探望他的老朋友。

等他到了左边这座山的庙前，看到他的老友之后大吃一惊，因为他的老友正在庙前打太极拳，一点也不像一个月没喝水的人。他很好奇地问："你已经一个月没有下山挑水了，难道你可以不用喝水吗？"

左边这座山上的和尚说："来来来，我带你去看。"于是他带着右边那座山上的和尚走到庙的后院，指着一口井说："这五年来，我每天

第十章 热情投入工作，忙得有乐趣

177

做完功课后都会抽空挖这口井，即使有时很忙，能挖多少就算多少。如今终于让我挖出井水，我就不用再下山挑水，我可以有更多时间练我喜欢的太极拳。"

现在的高楼大厦是越来越多，然而在拿起工具开始建造之前，都会有一套相同的工序，必须先画出详尽的设计图，而绘出设计图之前，脑袋中要把每一细节构思好。有了设计图，然后才有施工计划，如此按部就班，才能完成建筑。如果设计稍有缺失，弥补起来，可能就要花费很大代价。因此，做好一幅完美的设计图是非常重要的。人生也一样，也需要设计。你必须诚实地面对自己，做好未来的计划，然后，在此之后，你才能够对达到渴望的结果有所期待。

把卖鱼当成一种艺术

有一次，英国游客杰克到美国观光，导游说西雅图有个很特殊的鱼市场，在那里买鱼是一种享受。和杰克同行的朋友听了，都觉得好奇。

那天，天气不是很好，但杰克发现市场并非鱼腥味刺鼻，迎面而来的是鱼贩们欢快的笑声。他们面带笑容，像合作无间的棒球队员，让冰冻的鱼像棒球一样，在空中飞来飞去，大家互相唱和："啊，5条鳕鱼飞明尼苏达去了。""8只蜂蟹飞到堪萨斯。"这是多么和谐的生活，充满乐趣和欢笑。

杰克问当地的鱼贩："你们在这种环境下工作，为什么会保持愉快的心情呢？"

鱼贩说，事实上，几年前的这个鱼市场本来也是一个没有生气的地方，大家整天抱怨，后来，大家认为与其每天抱怨沉重的工作，不如改变工作的品质。于是，他们不再抱怨生活的本身，而是把卖鱼当成一种艺术。再后来，一个创意接着一个创意，一串笑声接着另一串笑声，他们成为鱼市场中的奇迹。

　　鱼贩说，大伙练久了，人人身手不凡，可以和马戏团演员相媲美。这种工作的气氛还影响了附近的上班族，他们常到这儿来和鱼贩用餐，感染他们乐于工作的好心情。有不少没有办法提升工作士气的主管还专程跑到这里来询问："为什么一整天在这个充满鱼腥味的地方做苦工，你们竟然还这么快乐？"他们已经习惯了给这些不顺心的人排疑解难，"实际上，并不是生活亏待了我们，而是我们期求太高以至忽略了生活本身。"

　　有时候，鱼贩们还会邀请顾客参加接鱼游戏。即使怕鱼腥味的人，也很乐意在热情的掌声中一试再试，意犹未尽。每个愁眉不展的人进了这个鱼市场，都会笑逐颜开地离开，手中还会提满了情不自禁买下的货，心里似乎也会悟出一点道理来。

　　实际上，并不是生活亏待了我们，而是我们期求太高以至忽略了生活本身。工作也并不是烦闷无聊，而是我们没有把它当作一件有趣的事来做。

工作就是娱乐

　　曾有人向皮尔·卡丹请教过成功的秘诀，他很坦率地说："创新！先有设想，而后付诸实践，又不断进行自我怀疑。这就是我的成功秘诀。"

　　19世纪初的一天，23岁的皮尔·卡丹骑着一辆旧自行车，踌躇满志地来到了法国首都巴黎。他先后在"帕坎"、"希亚帕勒里"和"迪奥"这3家巴黎最负盛名的时装店当了5年的学徒。由于他勤奋好学，

第十章　热情投入工作，忙得有乐趣

179

很快便掌握了从设计、裁剪到缝制的全过程,同时也确立了自己对时装的独特理解。他认为,时装是"心灵的外在体现,是一种和人联系的礼貌标志"。在巴黎大学的门前,一位年轻漂亮的女大学生引起了皮尔·卡丹的注意。这位姑娘虽然只穿了一件平常的连衣裙,但身材苗条,胸部、臀部的线条十分优美。皮尔·卡丹心想:这位姑娘如果穿上我设计的服装,定会更加光彩照人。于是,他聘请20多位年轻漂亮的女大学生,组成了一支业余时装模特队。

后来,皮尔·卡丹在巴黎举办了一次别开生面的时装展示会。伴随着优美的旋律,身穿各式时装的模特逐个登场,顿时令全场的人耳目一新。时装模特的精彩表演,使皮尔·卡丹的展示会获得了意外的成功,巴黎所有的报纸几乎都报道了这次展示会的盛况,订单雪片般地飞来。皮尔·卡丹第一次体验到了成功的喜悦。

这之后,在服装业中取得辉煌的成功之后,皮尔·卡丹又把目光投向了新的领域。他在巴黎创建了"皮尔·卡丹文化中心",里面设有影院、画廊、工艺美术拍卖行、歌剧院等,成为巴黎的一大景观。

巴黎的一家高级餐馆"马克西姆餐厅"濒临破产。由于这家餐厅建于1893年,历史悠久,当店主打算拍卖时,美国、沙特阿拉伯等国家的大财团都企图买下它。皮尔·卡丹不想让法国历史上有名的餐厅落到外国人手上,于是,他用150万美元的高价,买下了马克西姆餐厅。

皮尔·卡丹将简单的来餐厅用餐提高到一种生活享受的高度,不仅让客人品尝到驰名世界的法式大菜,同时也让客人享受到马克西姆高水平、有特色的服务。经过皮尔·卡丹的精心经营,3年后,马克西姆餐厅竟然奇迹般地复活了。它不但恢复了昔日的光彩,而且影响波及全球。

从一个小裁缝走向亿万富翁,皮尔·卡丹创造了一个商业王国的传奇。而所有这一切都是他用每天工作18个小时的代价换来的。"我的娱乐就是我的工作!"在皮尔·卡丹的那间绿色办公室里,有一个地球仪,这个没有时间娱乐的大师也许可以从中数清楚他的帝国在地球上有多少个站点。他从中感到了一种巨大的满足,一种生活的乐趣。

把工作当作娱乐,目光远大,善于控制约束自己,以苦作乐,才能取得骄人的成绩。

热忱的态度是做任何事的必需条件

1907年,后来成为美国著名的人寿保险推销员的法兰克·派特刚转入职业棒球界不久,就遭到有生以来最大的打击,因为他被开除了。他的动作无力,因此球队的经理有意要他走人。球队的经理对他说:"你这样慢吞吞的,哪像是在球场混了20年?法兰克,离开这里之后,无论你到哪里做任何事,若不提起精神来,你将永远不会有出路。"

本来法兰克的月薪是175美元,离开原来的球队之后,他参加了亚特兰斯克球队,月薪减为25美元。薪水这么少,法兰克做事当然没有热情,但他决心努力试一试。待了大约10天之后,一位名叫丁尼·密亨的老队员把法兰克介绍到新凡去。

在新凡的第一天,法兰克的一生有了一个重要的转变。因为在那个地方没有人知道他过去的情形,法兰克就决心变成新英格兰最具热忱的球员。为了实现这点,当然必须采取行动才行。

法兰克一上场,就好像全身带电。他强力地投出高速球,使接球的人双手都麻木了。有一次,法兰克以强烈的气势冲入三垒。那位三垒手吓呆了,球漏接,法兰克就盗垒成功了。当时气温高达39℃,法兰克在球场奔来跑去,极可能中暑而倒下去,在过人的热忱支持下,他挺住了。

这种热忱所带来的结果，真令人吃惊。

第二天早晨，法兰克读报的时候，兴奋得无以复加。报上说：那位新加入进来的派特，无异是一个霹雳球，全队的人受到他的影响，都充满了活力。他们不但赢了，而且是本季最精彩的一场比赛。

由于热忱的态度，法兰克的月薪由25美元提高为185美元，多了7倍。在往后的2年里，法兰克一直担任三垒手，薪水加到30倍之多。为什么呢？法兰克自己说："这是因为一股热忱，没有别的原因。"

后来，法兰克的手臂受了伤，不得不放弃打棒球。接着，他到菲特列人寿保险公司当保险员，整整一年多都没有什么成绩，因此很苦闷。但后来他又变得热忱起来，就像当年打棒球那样。

再后来，他是人寿保险界的大红人。不但有人请他撰稿，还有人请他演讲自己的经验。他说："我从事推销已经15年了。我见到许多人，由于对工作抱着热忱的态度，使他们的收入成倍数地增加起来。我也见到另一些人，由于缺乏热忱而走投无路。我深信唯有热忱的态度，才是成功推销的最重要因素。"

如果热忱对任何人都能产生这么惊人的效果，对你我也应该有同样的功效。热忱的态度，是做任何事必需的条件。我们都应该深信此点。任何人，只要具备这个条件，都能获得成功，他的事业，必会飞黄腾达。

该选哪一把钥匙

2001年5月，美国内华达州的麦迪逊中学在入学考试时出了这么一个题目：比尔·盖茨的办公桌上有5只带锁的抽屉，分别贴着财富、兴趣、幸福、荣誉、成功5个标签；盖茨总是只带一把钥匙，而把其他的4把锁在抽屉里，请问盖茨带的是哪一把钥匙？其他的4把锁在哪一只或哪几只抽屉里？

一位刚移民美国的外国学生，恰巧赶上这场考试，看到这个题目后，一下慌了手脚，因为他不知道它到底是一道英文题还是一道数学题。考试结束，他去问他的担保人——该校的一名理事。理事告诉他，那是一道智能测试题，内容不在书本上，也没有标准答案，每个人都可根据自己的理解自由地回答，但是老师有权根据他的观点给一个分数。

外国学生在这道9分的题上得了5分。老师认为，他没答一个字，至少说明他是诚实的，凭这一点应该给一半以上的分数。让他不能理解的是，他的同桌回答了这个题目，却仅得了1分。同桌的答案是，盖茨带的是财富抽屉上的钥匙，其他的钥匙都锁在这只抽屉里。

后来，这道题通过E-mail被发回了这位外国学生原来所在的国家。这位学生在邮件中对同学说，现在我已知道盖茨带的是哪一把钥匙，凡是回答这把钥匙的，都得到了这位大富豪的肯定和赞赏，你们是否愿意测试一下，说不定从中还会得到一些启发。

同学们到底给出了多少种答案，我们不得而知。但是，据说有一位聪明的同学登上了美国麦迪逊中学的网页，他在该网页上发出了比尔·盖茨给该校的回函。函件上写着这么一句话：在你最感兴趣的事物上，隐藏着你人生的秘密。

财富、兴趣、幸福、荣誉和成功是几乎每个人都想追求的。但当你必须作出唯一选择的时候，五者谁更重要呢？比尔·盖茨的回函告诉我们，只要我们有兴趣，其他四者都会随之而来。

迅速地做出决定

当朱利斯·凯撒来到意大利的边境卢比孔河时，看似神圣而不可侵犯的卢比孔河没有使他的信心有所动摇。他想到如果没有参议院的批准，任何一名将军都不允许侵略一个国家。但是他的选择只有两种——"要么毁灭我自己，要么毁灭我的国家"，最后他依然决定率兵回国扫平自己的政敌。他说："不要惧怕死亡"，于是他带头跳入了卢比孔河。就是因为这一时刻的决定，凯撒开启了其更加光辉的一生，世界历史随之而改变。

凯撒能在极短的时间里做出重要的抉择，哪怕牺牲一切与之有冲突的计划。凯撒带着他的大军来到大不列颠，那里的人们誓死不投降。凯撒敏捷的思维使他明白，他必须使士兵们懂得胜利和死亡的利害关系。为了消除一切撤退的可能，他命令将大不列颠海岸所用的船只全部烧掉，这样也就没有了逃跑的可能性。如果不能取得胜利就意味着死亡。这一举动是这场伟大战争最终取得胜利的关键所在。

获得成功的最有力的办法，是迅速做出该怎么做一件事的决定。排除一切干扰因素，而且一旦做出决定，就不要再继续犹豫不决，以免我们的决定受到影响。有的时候犹豫就意味着失去。实际上，一个人如果总是优柔寡断，犹豫不决，或者总在毫无意义地思考自己的选择，一旦有了新的情况就轻易改变自己的决定，这样的人成就不了任何事！消极的人没有必胜的信念，也不会有人信任他们。自信积极的人就不一样，他们是世界的主宰。

当有人问亚历山大大帝靠什么征服整个世界的时候，他回答说："是坚定不移。"

在一个深夜，装得满满的斯蒂文·惠特尼号轮船在爱尔兰撞上了悬崖，船在悬崖边停留了一会儿。有些乘客迅速地跳到了岩石上，于是他们获救了。而那些迟疑害怕的乘客被打回来的海浪卷走，永远被海浪吞没了。优柔寡断的人常因犹豫不决缺乏果断而失去成功的可能性。生活中好的机会往往很不容易到来，而且经常会很快地消失，约翰·夫斯特说："优柔寡断的人从来不是属于他们自己的，他们属于任何可以控制他们的事物。一件又一件的事总在他犹豫不决时打断了他，就好像小树枝在河边飘浮，被波浪一次次推动，卷入一些小漩涡。"

历史上有影响的人物都是能果断做出重大决策的人。一个人如果总是优柔寡断，在两种观点中游移不定，或者不知道该选择两件事物中的哪一件，这样的人将不能很好地把握自己的命运。他生来就属于别人，只是一颗围着别人转的小卫星。果断敏锐的人决不会坐等好的条件，他们会最大限度地利用已有的条件，迅速采取正确的行动。

把行动和空想结合起来

一年夏天，一位来自马萨诸塞州的乡下小伙子登门拜访年事已高的爱默生。小伙子自称是一个诗歌爱好者，从7岁起就开始进行诗歌创作，但由于地处偏僻，一直得不到名师的指点，因仰慕爱默生的大名，故千里迢迢前来寻求文学上的指导。

这位青年诗人虽然出身贫寒，但谈吐优雅，气度不凡。老少两位诗人谈得非常融洽，爱默生对他非常欣赏。临走时，青年诗人留下了薄薄的几页诗稿。

爱默生读了这几页诗稿后，认定这位乡下小伙子在文学上将会前途无量，决定凭借自己在文学界的影响大力提携他。

爱默生将那些诗稿推荐给文学刊物发表，但反响不大。他希望这位青年诗人继续将自己的作品寄给他。于是，老少两位诗人开始了频繁的书信来往。

青年诗人的信长达几页，大谈特谈文学问题，激情洋溢，才思敏捷，表明他的确是个天才诗人。爱默生对他的才华大为赞赏，在与友人的交谈中经常提起这位诗人。青年诗人很快就在文坛有了一点小小的名气。

但是，这位青年诗人以后再也没有给爱默生寄诗稿来，信却越写越长，奇思异想层出不穷，言语中开始以著名诗人自居，语气越来越傲慢。

爱默生开始感到不安。凭着对人性的深刻洞察，他发现这位年轻人身上出现了一种危险的倾向。通信一直在继续。爱默生的态度逐渐变得冷淡，成了一个倾听者。

很快，秋天到了。

爱默生去信邀请这位青年诗人前来参加一个文学聚会。他如期而至。

在这位老作家的书房里，两人有一番对话：

"后来为什么不给我寄稿子了？"

"我在写一部长篇史诗。"

"你的抒情诗写得很出色，为什么要中断呢？"

"要成为一个大诗人就必须写长篇史诗，小打小闹是毫无意义的。"

"你认为你以前的那些作品都是小打小闹吗？"

"是的，我是个大诗人，我必须写大作品。"

"也许你是对的。你是个很有才华的人，我希望能尽早读到你的大作品。"

"谢谢，我已经完成了一部，很快就会公之于世。"

文学聚会上,这位被爱默生所欣赏的青年诗人大出风头。他逢人便谈他的伟大作品,表现得才华横溢,锋芒咄咄逼人。虽然谁也没有拜读过他的大作品,即便是他那几首由爱默生推荐发表的小诗也很少有人拜读过。但几乎每个人都认为这位年轻人必将成大器。否则,大作家爱默生能如此欣赏他吗?

转眼间,冬天到了。

青年诗人继续给爱默生写信,但从不提起他的大作品。信越写越短,语气也越来越沮丧,直到有一天,他终于在信中承认,长时间以来他什么都没写。以前所谓的大作品根本就是子虚乌有之事,完全是他的空想。

他在信中写道:"很久以来我就渴望成为一个大作家,周围所有的人都认为我是个有才华有前途的人,我自己也这么认为。我曾经写过一些诗,并有幸获得了阁下您的赞赏,我深感荣幸。

"使我深感苦恼的是,自此以后,我再也写不出任何东西了。不知为什么,每当面对稿纸时,我的脑中便一片空白。我认为自己是个大诗人,必须写出大作品。在想象中,我感觉自己和历史上的大诗人是并驾齐驱的,包括和尊贵的阁下您。

"在现实中,我对自己深感鄙弃,因为我浪费了自己的才华,再也写不出作品了。而在想象中,我是个大诗人,我已经写出了传世之作,已经登上了诗歌的王位。

"尊贵的阁下,请您原谅我这个狂妄无知的乡下小子……"

从此后,爱默生再也没有收到这位青年诗人的来信。

爱默生告诫我们:"当一个人年轻时,谁没有空想过?谁没有幻想过?想入非非是青春的标志。但是,我的青年朋友们,请记住,人总归是要长大的。天地如此广阔,世界如此美好,等待你们的不仅仅是需要一对幻想的翅膀,更需要一双踏踏实实的脚!"

第十章 热情投入工作,忙得有乐趣

187

西方精神分析学大师弗洛伊德将空想命名为"白日梦"。他认为，白日梦就是人在现实生活中由于某种欲望得不到满足，于是通过一系列的空想、幻想在心理上实现该欲望，从而为自己在虚无中寻求到某种心理上的平衡。

弗氏理论还提出了一个关键性的词：逃避。也就是说，过分沉湎于空想的人必定是一个逃避倾向很浓的人，使人不愿意面对真实的现实。此言一语中的，这正是空想带给人的极大危害性。

对自己狠一点

朋友们都认为戴维很有才能，但不知道他为什么不能靠写作维持自己的生活。

戴维认为他必须先有了灵感才能开始写作，作家只有感到精力充沛、创造力旺盛时才能写出好的作品。为了写出优秀作品，他觉得自己必须"等待情绪来了"之后，才能坐在打字机前开始写作。如果他某天感到情绪不高，那就意味着他那天不能写作。

不言而喻，要具备这些理想的条件并不是有很多机会的，因此，戴维也就很难感到有多少好情绪使他得以成就任何事情，也很难感到有创作的欲望和灵感。这便使他的情绪更为不振，更难有"好情绪出现"，因此也越发地写不出东西来。

通常，每当戴维想要写作的时候，他的脑子就变得一片空白。这种情况使他感到害怕。所以，为了避免瞪着空白纸页发呆，他就干脆离开打字机。他去收拾一下花园，把写作忘掉，心里马上就好受些。他也用其他办法来摆脱这种心境，比如去打扫卫生间，或去刮胡子。

但是，对于戴维来说，在盥洗间刮刮胡子或在花园种种玫瑰，都无助于在白纸上写出文章来。

后来，戴维借鉴了著名作家国家图书奖获得者乔伊斯·奥茨的经验。奥茨的经验是："对于'情绪'这种东西可不能心软。从一定意义上来说，写作本身也可以产生情绪。有时，我感到疲惫不堪，精神全无，连五分钟也坚持不住了；但我仍然强迫自己坚持写下去，而且不知不觉地，在写作的过程中，情况完全变了样。"

戴维认识到，要完成一项工作，你必须呆在能够实现目标的地方才行。要想写作，就非在打字机前坐下来不可。

经过冷静的思考，戴维决定马上开始行动起来。他制订了一个计划。他起床的闹钟定在每天早晨七点半钟。到了八点钟，他便可以坐在打字机前。他的任务就是坐在那里，一直坐到他在纸上写出东西。如果写不出来，哪怕坐一整天，也在所不惜。他还订了一个奖惩办法：早晨打完一页纸才能吃早饭。

第一天，戴维忧心忡忡，直到下午两点钟他才打完一页纸。第二天，戴维有了很大进步。坐在打字机前不到两小时，他就打完了一页纸，较早地吃上了早饭。第三天，他很快就打完了一页纸，接着又连续打了五页纸，才想起吃早饭的事情。他的作品终于产生了。他就是靠坐下来动手干学会了面对艰难的工作的。

大多数人不是没有上进的念头，但这些念头很容易被自己的偷懒意识压制下去，结果自己管不住自己，努力工作的冲动胎死腹中。想要改变这种情况，就要自己对自己狠一点，定下些"不近人情"的规定，强迫自己坚持下去，如此才能自胜者强。

老钟表匠的启示

　　从前，德国有一位很有才华的年轻诗人，写了许多吟风咏月、写景抒情的诗篇。可是他却很苦恼。因为，人们都不喜欢读他的诗。这到底是怎么一回事呢？难道是自己的诗写得不好吗？不，这不可能！年轻的诗人向来不怀疑自己在这方面的才能。于是，他去向父亲的朋友——一位老钟表匠请教。

　　老钟表匠听后一句话也没说，把他领到一间小屋里，里面陈列着各色各样的名贵钟表。这些钟表，诗人从来没有见过。有的外形像飞禽走兽，有的会发出鸟叫声，有的能奏出美妙的音乐……

　　老人从柜子里拿出一个小盒，把它打开，取出了一只式样特别精美的金壳怀表。这只怀表不仅式样精美，更奇异的是：它能清楚地显示出星象的运行、大海的潮汐，还能准确地标明月份和日期。这简直是一只"魔表"，世上到哪儿去找呀！诗人爱不释手。他很想买下这个"宝贝"，就开口问表的价钱。老人微笑了一下，只要求用这"宝贝"换下青年手上的那只普普通通的表。

　　诗人对这块表真是珍爱之极，吃饭、走路、睡觉都戴着它。可是，过了一段时间之后，渐渐对这块表不满意起来。最后，竟跑到老钟表匠那儿要求换回自己原来的那块普通的手表。老钟表匠故作惊奇，问他对这样珍异的怀表还有什么感到不满意。

　　青年诗人遗憾地说："它不会指示时间，可表本来就是用来指示时间的。我带着它不知道时间，要它还有什么用处呢？有谁会来问我大海的潮汐和星象的运行呢？这表对我实在没有什么实际用处。"

　　老钟表匠还是微微一笑，把表往桌上一放，拿起了这位青年诗人的诗集，意味深长地说："年轻的朋友，让我们努力干好各自的事业吧。你应该记住：怎样给人们带来用处。"诗人这时才恍然大悟，从心底里明白了这句话的深刻含义。

有用处的东西才有市场。立足生活才能实现自己的价值。与其追求华而不实的东西，不如脚踏实地地干些实事。在工作中，更是首先要把本职工作干好。

百发百中的秘密

罗杰走下码头，看见一些人在钓鱼。出于好奇，他走近去看当地有什么鱼，好家伙，看到居然有人钓了满满一桶的鱼。

那只桶是一位老头儿的，他面无表情地从水中拉起线，摘下鱼，丢到桶里，又把线抛回水里。他的动作更像一个工厂里的工人，而不像是一个垂钓者在揣摩钓钩周围是否有鱼。

罗杰发现，不远的地方还有七个人在钓鱼，老头儿每从水中拉上一条鱼，他们就大声抱怨一阵，抱怨自己仍然举着一根空杆。

这样持续了半小时：老头儿猛地拉线、收线，七个人嘟嘟囔囔地看他摘鱼，又把线抛回去。这段时间其他人没有一个钓上过鱼，尽管他们只处在距老头儿十几米远的地方。真是太有意思了！

这是怎么回事儿？罗杰走近一步想看个究竟。原来那些人都在甩锚钩儿（甩锚钩儿是指人们用一套带坠儿的钩儿沉到水里猛地拉起，希望凑巧挂住一群游过去的小鱼当中的某一条）。这七个人都拼命地在栈桥下面挥舞着胳臂，试图钓起一群群游过的小鱼中的某条鱼。而那位老头儿只是把钩沉下去，等一会儿，感到线往下一拖，然后猛拉线，当然，他又有鱼钓上来了。

第十章 热情投入工作，忙得有乐趣

191

老头儿收获了鱼，而他百发百中的秘密在于：只在钩子上方用一点诱饵而已！他一把线放下去，鱼就会开始咬饵食，他会感觉线动，然后再把鱼钩从厚厚的一群鱼当中一拉，有啦！

完全使罗杰吃惊的不是那位老头儿简单的智慧，而是这样一种事实：那一群嘟嘟囔囔的人看得很清楚老头在干什么，他是怎样使用最简单的方法获得超级效果的，但他们却不愿学习，因此，他们毫无收获！

许多人完全知道要成功他们必须做什么，但他们迟迟不愿采取正确的行动。成功的秘诀是这样的：不要只是想着采取行动，而是要"采取正确的行动！"

第十一章
心态决定人生未来，忙人都有好心态

心态决定人生未来，以积极的心态面对人生，使你充满自信；积极的心态可以使你赢得幸福；积极的心态助你吸引财富；积极心态让你知足常乐；积极的心态使你激励自己，理智消除心理障碍，勇敢面对人生的挫折，最终走出人生困境。微笑面对痛苦，坦然面对不幸，以积极的心态立即行动，你会获得充实向上的人生。

幸好还不是最糟糕

一个人听说来了一个乐观者，于是，他去拜访乐观者。乐观者乐呵呵地请他坐下，笑嘻嘻地听他提问。

"假如你一个朋友也没有，你还会高兴么？"他问。

"当然，我会高兴地想，幸亏我没有的是朋友，而不是我自己。"

"假如你正行走间，突然掉进一个泥坑，出来后你成了一个脏兮兮的泥人，你还会快乐么？"

"我还是会很高兴的，因为我掉进的只是一个泥坑，而不是万丈深渊。"

"假如你被人莫名其妙地打了一顿，你还会高兴么？"

"当然，我会高兴地想，幸亏我只是被打了一顿，而没有被他们杀害。"

"假如你去拔牙，医生错拔了你的好牙而留下了患牙，你还高兴么？"

"当然，我会高兴地想，幸亏他错拔的只是一颗牙，而不是我的内脏。"

"假如你正在睡觉，忽然来了一个人，在你面前用极难听的嗓门唱歌，你还会高兴么？"

"当然，我会高兴地想，幸亏在这里嚎叫着的，是一个人，而不是一匹狼。"

"假如你马上就要失去生命，你还会高兴么？"

"当然，我会高兴地想，我终于高高兴兴地走完了人生之路，让我随着死神，高高兴兴地去参加另一个宴会吧。"

"这么说，生活中没有什么是可以令你痛苦的，生活永远是快乐组成的一连串乐符？"

"是的，只要你愿意，你就会在生活中发现和找到快乐——痛苦往往是不请自来，而快乐和幸福往往需要人们去发现，去寻找。"乐观者说。

从此，拜访乐观者的人也明白了这个道理，他的生活也开始充满欢乐。

在人的生命中，痛苦和欢乐并总是并存，这世界并不会因为你不开心就停止运转，快乐需要我们自己用心去寻找。如果你遇事总是看到灰暗的一面，那你一定会很痛苦。太阳落下去了，明天依然会升起来，用豁达的心情去看待事情，那你一定是开心的。生命的本身是感受乐趣而不是为了痛苦，在历史的长河中，生命不过是个短暂的瞬间，没有任何理由让你失去快乐。以积极的心态面对不幸与意外，生活就会变得轻松而快乐。

你怎样看待生活，生活就会怎样回报你

阿丽生病了，住进医院。

最要好老同学阿霞去看她，结果看到她一脸的"旧社会"，憔悴不堪，而阿霞看上去却比她年轻十岁。

阿丽拉着阿霞的手说："霞姐，医生说我这是郁积成疾。唉，也难怪，你看我的命多苦。小的时候只能喝稀粥，看着别人家孩子吃大米饭；长大了终于吃上了大米饭，可别人家却天天吃饺子；当我能天天吃上饺子的时候，人家却又顿顿大鱼大肉；现在有鱼有肉了，而别人是小汽车小别墅；我总是跟不上别人的步子，我的命怎么就这么苦！你看你

多幸福，依然那么年轻漂亮，还有一个好老公疼你。"

阿霞说："其实你知道的，我们的生活经历差不多，只是我比你想得开：喝粥的时候，我想到的是不再'瓜菜代（缺少粮食，用瓜菜之类充饥）'了；有了大米饭的时候，那不是比喝粥强多了？每天都有饺子吃时，那就是以前过年一样，天天好日子。回过头去看看这些日子，是一步一个台阶，一天更比一天好，我们为什么不开心呢？说到漂亮，当年在一起时不都是人人夸你？你的老公对你不是百般照顾？你什么都不比我差呀！差的只是你的心态！生活是美好的，值得珍惜的，干嘛自己和自己过不去？人生就是几十年，关键看你想要一个怎样的活法。"

阿霞说完，阿丽陷入沉思，久久说不出话来。

你怎样看待生活，生活就会怎样回报你。皇帝有皇帝的苦恼，乞丐有乞丐的快乐。你有什么样的心态，就会有什么样的生活。谁的一生都有不如意的事情，乐观的人看到的是人生越来越美好，悲观的人看到的是所有的事情都不如意。积极的心态让你蓬勃向上，让你体会人生的快乐；消极的心态让你自怨自艾，让你感受生活的苦难。悲观消极能改变现实吗？不能，那为什么不乐观看待生活呢？

不同的态度造就不同的未来

有个生活比较潦倒的小职员，每天都埋怨自己"怀才不遇"，认为命运在捉弄自己。新年的前夕，家家户户张灯结彩，充满过节的热闹气氛。他却坐在公园里的一张椅子上，百无聊赖地回顾往事。去年的今天，他也是孤单一人，以醉酒度过了他的新年，没有新衣，也没有新鞋子，更甭谈新车子、新房子。

"唉！今年我又要穿着这双旧鞋子度过新年了！"说着准备脱掉这

旧鞋子。这个时候,他突然看见一个年轻人自己滑着轮椅从他身边走过。"我有鞋子穿是多么幸福!他连穿鞋子的机会都没有啊!自己无病无灾饿不着,又有什么需要抱怨生活呢?"这样的想法开始在他脑海中萦绕。

之后,这位小职员每做任何一件事都心平气和,珍惜机会,发愤图强,力争上游。数年以后,生活在他面前终于彻底改变了,他最终成了一名百万富翁。

有一首老歌中唱道:"天上下着蒙蒙雨,人家做车我骑驴,回头看看还有步行的人儿呀,咱比上不足,比下还有余……"人生就是如此,不要认为自己的人生不容易,他处还有更苦的。

有一对孪生兄弟,弟弟是城市里最顶尖的会计师,哥哥是监狱里的囚徒。

一天,有记者去采访当囚徒的哥哥,问他失足的原因是什么?哥哥说:"我家住在贫民区,爸爸即赌博,又酗酒,不务正业;妈妈有精神病。没有人管我,我吃不饱,穿不暖,所以去偷去抢……"

第二天,记者又去采访当会计的弟弟,问他成为这么棒的会计师的秘诀是什么?弟弟说:"我家住在贫民区,爸爸即赌博,又酗酒,不务正业;妈妈有精神病,我不努力,能行吗?"

凡事要乐观面对,不要让客观的因素左右自己的人生态度。因为由于思想不同,相同恶劣的环境下,乐观者也会打通一条悲观者不能打通的光明之路。

充沛的活力取决于你的思想

在去工作的路上,他感觉很好。这是一个 5 月的早晨,小鸟在歌唱,他的家庭幸福,嗯,今天会是一个好日子。昨天他刚成交了一笔大生意,他期待着在周末的时候能得到一笔可观的提成。

忽然他被交警拦住了,并交给他一张 25 美元的罚款,几分钟以后,一个轮胎瘪了,又弄出车道停了 35 分钟。

当他到了办公室以后,经理递给他一张条子告诉他昨天的生意告吹,因为顾客的信用卡不合格。

他接待的第一位主顾粗鲁而自以为是,在短短的 8 分钟内,他就被训斥了数次。当这个主顾离开时,他立刻松了一口气。

问题是,今天剩下的时间他会怎么样呢?他还会有一份好的心情吗?回答是:这主要取决于他,或者取决于经理对他的帮助。在剩下的时间里,他可能在与前来谈判的十余个主顾中只成交了三个,这没有超过他从前的水平。也许在他总结这一天时会觉得很糟,只不过在忙于与顾客周旋。

他传递给顾客的活力取决于他如何看待这一天,如何处理不利于自己的处境。如果他意识到活力和热情于己、于人都有利,那么,那张 25 美元的罚款单,35 分钟的修车,告吹的生意,粗鲁的主顾都算不了什么,它们丝毫不会影响他与下一个主顾打交道。

在任何一天、任何一个时候,你都将获得充沛的活力,这取决于你的思想,而不是外界因素。

失去现有的会得到更好的

比尔被解雇了。他是突然接到通知的，而且老板未作任何解释，唯一的理由是公司的政策有些变化，现在不再需要他了。更令他难以接受的是，就在几个月以前，另一家公司还想以优厚的条件将他挖走，当时比尔把这事告诉了老板，老板极力地挽留他说："比尔，我们更需要你！而且，我们会给你一个更好的前程。"

而现在比尔却落到了如此结局，可想而知他是多么痛苦。一种不被人需要、被人拒绝以及不安全的情绪一直缠绕着他，他不时地徘徊、挣扎，自尊心深受损害，一个原本能干而有生机的比尔变得消沉沮丧、愤世嫉俗。在这种心境下，比尔怎么可能找到新的工作呢？

有一天，他无意中翻出一本书《积极思考的力量》。看过一遍后，他开始思考自己，他目前这种状况是否也存在一些积极的因素呢？他不知道，但他发现了许多消极负面的情绪，这些负面因素是使他一蹶不振的主要原因。他也意识到一点，要想发挥积极思想的功用，自己首先必须做到一点——排除消极的情绪。

没错！这便是他必须着手开始的地方。于是他开始改变思维方式，摒除消极的情绪，代之以积极的思想，使自己心灵复苏。他开始有规律地祷告："我相信这一切都是上帝的安排，我被解雇，相信也是如此。我不再抱怨自己的遭遇，只想谦卑地请教上帝，接下来我该如何做？"

一旦他开始相信所发生的一切事情都确有其因之后，他不再对老板愤懑不已，他认为，如果自己身为老板，也许会不得不如此。当他如此考虑之后，自己的整个心态完全变了，在他的努力下，终于又找到了一份更好的工作。

第十一章 心态决定人生未来，忙人都有好心态每个人都有可能遭遇这样或那样的挫折与困难，在面对困难时要积极的努力克服，不要怨天尤人。相信就算错过现在的，将来也会得到更好的，只要积极迎接挑战，正面思考，经历过风雨后，就一定能够看到美丽的彩虹。

平常心面对不幸

一天，国王与宰相在商议事情，适逢天下大雨，国王问："宰相啊！你说下雨是好事还是坏事啊？"

宰相说："好事！雨水的滋润让农民丰收，陛下正好可微服私访，体查一下民情。"

又有一天，天下大旱，国王又问："宰相啊！你说大旱是好事还是坏事啊？"

宰相说："好事！陛下正好可以开仓放粮，赈济灾民，让百姓感激陛下天恩浩荡，可以得民心呀。"

又有一天，国王出去打猎时，不小心弄断了小拇指，又问："宰相啊！你说这是好事还是坏事啊？"

宰相说："好事！"

国王大怒，将宰相关入地牢。一天国王想去打猎，常陪自己出猎的宰相却被自己关了起来，于是就找了另外一位大臣陪同去打猎了。结果没想到误中土人陷阱被捉。土人想用这些俘虏里的首领祭天，于是就把国王绑了起来。结果因为不是全人（缺手指），免去被祭天的厄运。原来土人祭天必须用身体各部位全都完整的人，于是他们放了国王，换用了那位大臣。死里逃生的国王回宫后想起宰相说的"好事"应验了，于是赶紧将宰相从地牢里放出来。

这时国王又问宰相:"我断了小拇指是好事,那我把你关在地牢里是好事还是坏事?"

宰相又答:"好!好极了!要不是陛下将微臣关在地牢,陪陛下出猎的会是谁呢?微臣现在恐怕早已被土人杀掉祭天了。"

我们要明白事物都有两面性,不论任何事,有利就有弊,凡事不妨多从积极的角度去考虑问题。福兮祸所倚,祸兮福所伏,以平常心看待不幸,乐观地处世,你就会幸福。感激幸运同时也感激不幸,因为不幸常常是幸运的开始。

让心灵永葆青春

有一个小女孩每天放学都是自己从学校步行回家。

一天早上天气不太好,云层渐渐变厚,到了下午放学时风吹得更急,不久开始有闪电、打雷,接着下起大雨。小女孩的妈妈很担心,她担心小女孩会被打雷吓着,甚至被雷击到。雷雨下得愈来愈大,闪电像一把锐利的剑刺破天空,小女孩的妈妈赶紧开着她的车,沿着上学的路线去找小女孩。看到自己的小女儿一个人走在街上时,却发现每次有闪电时,她都停下脚步,抬头往上看,并露出微笑。

到了近前,妈妈赶忙停下车叫住她的孩子,并问她说:"你在做什么啊?"

她说:"上帝刚才帮我照相,所以我要笑啊!"

现在的人少有时间静下心来思考一些问题,整日奔波在钢筋水泥围成的狭小空间里,心也变成灰色,年少时色彩斑斓的梦想也消失了,思想被太多的世俗填满了,如此的人生难免少了乐趣。

思想就像一杯装满清洌泉水的杯,里面放的杂物多了,清清的水被溢了出来，最初的纯真也越来越少，而杂物还会慢慢浸染水的颜色，直到那杯中很少的水也浑浊了，失去最后的清纯，活着只为活着，找不到生命的方向。

静下心来，慢慢过滤，希望少一分世故，多一分纯真；少一些虚伪，多一点真诚。让岁月衰老了我们的容颜，却让心灵永葆青春。

微笑着面对生活

三十三号住着一位年轻人，左邻三十二号是个老人。

老人一生相当坎坷，多种不幸都降临到他的头上：年轻时由于战乱几乎失去了所有的亲人，一条腿也丢在空袭中；"文化大革命"中，妻子经受不了无休止的折磨，最终和他划清界限，离他而去；不久，和他相依为命的儿子又丧生于车祸。

可是在年轻人的印象之中，老人一直矍铄爽朗而又随和。年轻人终于不揣冒昧地问："你经受了那么多苦难和不幸，可是为什么看不出你有伤怀呢？"

老人无言地将年轻人看了很久，然后，将一片树叶举到年轻人的眼前："你瞧，它像什么？"

这是一片黄中透绿的叶子。这时候正是深秋。年轻人想，这也许是白杨树叶，而至于像什么……

"你能说它不像一颗心吗？或者说就是一颗心？"老人缓缓地说。

这是真的，是十分形似心脏的模样。年轻人的心为之轻轻一颤。

"再看看它上面都有些什么？"老人将树叶更近地向年轻人凑凑。年轻人清楚地看到，那上面有许多大小不等的孔洞，就像天空里的星月一样。

老人收回树叶，放到手掌中，用那厚重而舒缓的声音说："它在春风中绽出，阳光中长大。从冰雪消融到寒冷的秋末，它走过了自己的一生。这期间，它经受了虫咬石击，以致千疮百孔，可是它并没有凋零。它之所以享尽天年，完全是因为对阳光、泥土、雨露充满了热爱。对自己的生命充满了热爱，相比之下，那些打击又算得了什么呢？"

老人最后把叶子放在了年轻人的手中，他说："这答案交给你啦，这实在是一部历史，更是一部哲学啊。"

如今年轻人仍完好无损地保存着这片树叶。每当年轻人在人生际遇中突遭打击的时候，总能从它那里吸取足够的冷静和力量，不论在怎样的艰难之中，总能保持一份乐观向上的精神。

人生不如意之事有很多，甚至要遭受苦难和不幸。对生命热爱的人，会把苦难看作一种磨砺，在与苦难抗争的同时，人性的光彩愈加鲜明。这正如夜晚的灯，黑暗越浓，光明越明亮醒目。

不失去希望就有作为

当琼斯是农民时他身体很健康，工作十分努力，在美国威斯康星州福特·亚特金迅附近经营一个小农场。但他好像不能使他的农场生产出比他的家庭所需要的多得多的产品。这样的生活年复一年地过着，突然间发生了一件事！

琼斯患了全身麻痹症，卧床不起，而他已是晚年，几乎失去了生活能力。他的亲戚们都确信，他将永远成为一个失去希望、失去幸福的病人。他不可能再有什么作为了。然而，琼斯确实有了作为。他的作为给他带来了幸福，这种幸福是随他事业的成功而来的。

琼斯用什么方法创造了这种奇迹呢？是的，他的身体是麻痹了，但是他能思考，他确实在思考、在计划。终于有一天，他做出了自己的决定。他要从自己所处的地方，把创造性的思考变为现实。他要成为有用的人，他要供养他的家庭，而不是成为家庭的负担。他把他的计划讲给家人听。

"我再不能用我的手劳动了，"他说，"所以我决定用我的头脑从事劳动。如果你们愿意的话，你们每个人都可以代替我的手、足、身体。让我们把农场的每一亩可耕地都种上玉米。与此同时还可以养猪，用所收的玉米喂猪。趁着猪还肉质鲜嫩的时候，我们就把它宰掉，做成香肠，然后把香肠包装起来，贴上同一个品牌出售，我们自己的品牌。我们可以在全国各地的零售店出售这种香肠。"他低声轻笑，接着说道："这种香肠将像热糕点一样出售。"

家人都赞同琼斯的想法，一个季度后，这种香肠确实像糕点一样出售了，销量不错！几年后，牌名"琼斯仔猪香肠"竟成了家庭的日常用语，成了最能引起人们胃口的一种食品。

人们常用"心有余而力不足"来为自己不愿努力而开脱，其实，世上无难事，只怕有心人，积极的思想几乎能够战胜世间的一切障碍。

心病比生理上的疾病危害更大

斯匹特是一位年轻的电脑销售经理。他有一个温暖的家和高薪的工作，在他的面前是一条充满阳光的大道，然而他的情绪却非常消沉。他总认为自己身体的某个部位有病，自己似乎行将死去，他甚至早早替自己选购了一块墓地，并为葬礼做好了准备。实际上他只是感到呼吸有些急促，心跳有些快，喉咙梗塞。医生劝他在家休息，暂时不要做销售工作。

斯匹特在家里休息了一段时间，但是由于恐惧，他的心理仍不安宁。他的呼吸变得更加急促，心跳得更快，喉咙仍然梗塞。这时他的医生叫他到海边去度假。

海边虽然有使人健康的气候、壮丽的高山，但仍阻止不了他的恐惧感。一周后他回到家里，他觉得死神很快就要降临。

斯匹特的妻子看到他的样子，将他送到了一所有名的医院进行全面的检查。医生告诉他："你的症结是吸进了过多的氧气。"他立即笑起来说："我怎样对付这种情况呢？"医生说："当你感觉到呼吸困难，心跳加快时，你可以向一个纸袋呼气，或暂且屏住气。"医生递给他一个纸袋，他就遵医嘱行事。结果这样做之后，他的心跳和呼吸真地变得正常了，喉咙也不再梗塞了。自己担心的病居然如此容易就好了，离开这个诊所时，他心情愉悦，仿佛要飞起来。

此后，每当他的病症发生时，他就屏住呼吸一会，使身体正常发挥功能。几个月以后，他不再恐惧，症状也随之消失。

许多人感到身体支持不住，往往症结在于心理上。保持愉快的情绪对身体的健康是非常有帮助的。"不怕才有希望"，对付困难是这样，对付疾病也是这样。

把缺点转化成发展自己的机会

曾长期担任菲律宾外长的罗慕洛穿上鞋时身高只有 1.63 米。年轻时，他与其他人一样，为自己的身材而自惭形秽，为此，他也穿过增高鞋，但这种方法终令他不舒服，精神上的不舒服。他感到这样做完全是自欺欺人，于是便把增高鞋扔了。后来，在他的一生中，其许多成就竟与他的"矮"有关，也就是说，矮倒促使他成功。以至他说出这样的

205

话:"但愿我生生世世都做矮子。"

1935年,大多数的美国人尚不知道罗慕洛为何许人也。那时,他应邀到圣母大学接受荣誉学位,并且发表演讲,成功地打动了观众,掌声鼓了一次又一次。那天,罗斯福总统也是演讲人,可是,他的吸引力完全没有罗慕洛大。事后,他笑吟吟地怪罗慕洛"抢了美国总统的风头"。

更值得回味的是,1945年,联合国创立会议在旧金山举行。罗慕洛以无足轻重的菲律宾代表团团长身份,应邀发表演说。讲台差不多和他一般高。等大家静下来,罗慕洛庄严地说出一句:"我们就把这个会场当作最后的战场吧。"这时,全场登时寂然,接着爆发出一阵掌声。最后,他以"维护尊严、言辞和思想比枪炮更有力量……唯一牢不可破的防线是互助互谅的防线"结束演讲时,全场响起了暴风雨般的掌声。后来,他分析道:如果大个子说这番话,听众可能客客气气地鼓一下掌,但菲律宾那时离独立还有一年,自己又是矮子,由他来说,就有意想不到的效果,从那天起,小小的菲律宾在联合国中就被各国当作资格十足的国家了。

由这件事,罗慕洛认为矮子比高个子有着天赋的优势。矮子起初总被人轻视,后来,有了表现,别人就觉得出乎意料,不由得佩服起来,在人们的心目中,成就就格外出色,以致平常的事一经他手,就似乎成了石破惊天之举。

纵然存在一些缺点,仍有成功的机会,只要你肯勇敢正视自己的缺点,并积极努力地改正它、甚至可以把它转化为发展自我的机会,最终做到超越自己。

第十二章
人生就是要活得快乐

为了衣食住行忙碌，为了赚钱忙碌，为了未来忙碌，为了孩子忙碌，一生忙忙碌碌求的是一个怎样结果？归根结底，人生就要活得开心快乐。想要快乐就不要自寻烦恼，懂得适可而止，明白幸福由自己决定，从而简单生活，寻得快乐。

幸福并不复杂

洛林是在美国读书时认识自己丈夫的，毕业后，他俩很快就结了婚，并且双双搬到他们喜欢的国度——越南。因为这里的迷人风景和特有的风情及越南人悠闲的生活方式打动了他们。

洛林说："在越南的生活是一种简朴自在的生活。没有像美国那种铺天盖地的广告推销，没有垃圾邮件，无须用信用卡。我们一家四口只买生活必需用品，从不盲目地去消费。在这里，你绝不会想买那些你并不需要的东西，因为没有大减价的广告勾起你的欲望。"

"虽然美国人对铺天盖地的购物广告宣传有一定的抵御能力，但为了使自己的精神生活过得简单而丰富，他们不得不在那些选择上面花费大量的精力和物力。"

"而在越南不是这样，没有外界的广告宣传刺激你，人们对自己所需要的东西很清楚，他们很明智地每次买拿得动的物品回家，用完后再去买。"

"许多生活在这个国度文化中的外籍人，虽然他们在物质生活方面并非很丰富，但他们确确实实感受到了宁静和幸福。他们认为自己过的是一种有选择而自主的生活，虽简单却快乐多多，是众多幸福家庭中的一员。"

"我跟一些美国的朋友讲起这边的事情，他们却不很理解。这也难怪，由于一些在美国生活的美国人认为只有拥有金钱才能得到幸福，所以他们根本没法想象生活在这里的人，是如何获得快乐和幸福的。"

幸福并不复杂，获得快乐的方法也很简单，就是充分利用自己有限的时间、精力、金钱，并将之运用到适合自己的生活方式里。

那些住在贫穷乡村的人们，并不像我们想象的那样生活得无滋无味，相反，如果生活中没有大的变故，他们甚至比大多数都市人活得更快乐自在。原因就是在于他们选择了简单而充实的生活：劳动、交往、休闲，如此而已。想一想，我们有多久未注意到日出日落，有多久没注意阳台上那盆花的花开花谢。因为我们太忙，以至于忽略了就在我们身边的美丽和感动。我们应该抽出时间仔细思考思考，这到底值不值得！

找到自己满意的生活

从前，海边有一个渔夫，他每天上午会在海边和朋友聊天、打渔，中午回家吃饭，下午和老婆睡个午觉，晒晒太阳，在咖啡店来一杯咖啡，傍晚孩子放学回来，全家享受天伦之乐，他很满意他的生活。

直到有一天，他的生活因为一个陌生人而打乱了。那天，有位富有的商人来到了海边，看到他打渔打得很起劲儿，跟他聊了起来，并且给了他一些人生的"教导"。

富商说，"你以后不仅早上要打渔，下午也要打渔。""为什么？"渔夫问。"因为这样可以多赚钱。"

"然后呢？""赚够了钱，你就可以买条船，雇用一些人来帮你干活。"

"然后呢？""然后你就可以有很多渔货，卖到各地去，赚更多钱。"

"然后呢？""然后你就可以买船队，到真正的海洋上去打渔，再赚更多的钱。"

"然后呢？"渔夫搔搔脑袋。

那个富商说，"然后你就可以退休，在家里每天过得轻松愉快，高兴打渔的时候就打渔，下午你就可以喝喝咖啡，和老婆孩子快乐生活啦!"

渔夫微笑着说:"那样的生活和现在的生活有什么不同呢?这就是我现在的生活啊!"

快乐的生活并不一定需要多多的钱财,只要是我们自己满意的生活方式,"一箪食,一豆羹,"亦可曲肱而乐之。就算是我们为了衣食无忧的生活辛苦赚钱的时候、为了自我幸福而苦耗精力的时候,也不要忘记了放松放松自己,不让自己迷失于单纯赚钱的欲望之中。

寻找快乐的财富

在森林中的一条小路上,一个商人和一个樵夫经常相遇。

商人拥有长长的马队,一箱箱的珠宝绸缎都是商人的财富。

樵夫每天都要上山砍柴,柴刀和绳子是他最亲密的伙伴。

然而,商人整天愁眉苦脸,他不快乐。樵夫每天歌声不断,笑声朗朗,他很幸福。

一天,商人又与樵夫相遇,他们同坐在一棵大树下休息。

"唉!"商人叹道,"我真不明白,小伙子,你穷得丁当响,怎么那么快乐呢?你是否有一个无价之宝藏而不露呢?"

"哈哈!"樵夫笑道,"我也不明白,您拥有那么多财富,怎么整天愁眉苦脸呢?"

"唉!"商人说,"虽然我是那样的富有,但我的一家人总是为了钱财吵得不可开交。他们整天想的就是如何比其他人拥有更多,却没有一个想到为我付出哪怕一丁点儿真情实意。当然,我一回到家他们就会喜笑颜开,可是我始终弄不明白,他们是对着钱笑还是对着我笑。我虽家财万贯,但我却常常感到自己实际上是一个一无所有的穷光蛋,我能快乐吗?"

"哦,原来如此!"樵夫道,"我虽然一无所有,但我时时感觉到我拥有永恒的幸福,所以我经常乐不可支。"

"是么?那么你家里一定有一个贤惠的妻子?"商人问。

"没有,我是个快乐的光棍汉。"樵夫道。

"那么,你一定有一个不久就可迎娶进门的未婚妻。"商人肯定地说。

"没有,我从来没有过什么未婚妻。"

"那么,你一定有一件使自己快乐的宝物?"

"假如你要称它为宝物的话,也可以。那是一位美丽的姑娘送给我的。"樵夫说。

"哦?"商人惊奇了,"是一件什么样永恒的宝物,令你如此幸福呢?一件金光闪闪的定情物?一个甜蜜的吻?还是……"

"这个美丽的姑娘从来没有同我说过一句话,每次在村里与我相遇,她总是匆匆而过。三年前,她就要去另一个城市生活了。就在她临走之前,上车的时候,她……"樵夫沉浸在幸福之中了。

"她怎么样?"商人急切地问。

"她向我投来了含情脉脉的一瞥!"樵夫继续道,"这一瞬间的目光,对于我来说,已经足够我幸福一生了。我已经把它珍藏在我的心中,它成了我瞬间的永恒。"

商人看着幸福无比的樵夫,心中说道:"真正的富翁应该是他,我才是个名副其实的穷光蛋。"

快乐与否主要是精神上的感觉,它不在于物质财富的多少。要想拥有快乐,就得在自己的生活中挖掘。如果说生活像一部影片,你的记忆就是片断。记忆是快乐的,你看到的自己就是快乐的;记忆是痛苦的,你看到的自己就是痛苦。这些记忆片段由你剪切,你将截取哪些片段来构成生活的影片呢？相信你一定有所决断。生活就像一座矿，有快乐也有忧愁，有幸福也有不幸，拥有什么，关键在于你自己如何挖掘。

没有时间生气

古时有一个妇人，特别喜欢为一些琐碎的小事生气。她也知道自己这样不好，便去求一位高僧为自己谈禅说道，开阔心胸。

高僧听了她的讲述，一言不发地把她领到一座禅房中，落锁而去。

妇人气得跳脚大骂。骂了许久，高僧也不理会。妇人又开始哀求，高僧仍置若罔闻。妇人终于沉默了。高僧来到门外，问她："你还生气吗？"

妇人说："我只为我自己生气，我怎么会到这地方来受这份罪。"

"连自己都不原谅的人怎么能心如止水？"高僧拂袖而去。

过了一会儿，高僧又问她："还生气吗？"

"不生气了。"妇人说。

"为什么？"

"气也没有办法呀。"

"你的气并未消逝，还压在心里，爆发后将会更加强烈。"高僧又离开了。

高僧第三次来到门前，妇人告诉他："我不生气了，因为不值得气。"

"还知道值不值得，可见心中还有衡量，还是有气根。"高僧笑道。

当高僧的身影迎着夕阳立在门外时，妇人问高僧："大师，什么是气？"

高僧将手中的茶水倾洒于地。妇人视之良久，顿悟。叩谢而去。

生气是用别人的过错来惩罚自己的蠢行，而如果你无视它，它自会消散。所以古人编《莫生气》之歌来劝诫自我：人生就像一场戏，因为有缘才相聚，相扶到老不容易，是否更该去珍惜，为了小事发脾气，回头想想又何必，别人生气我不气，气出病来无人替，我若气死谁如意，况且伤神又费力，邻居亲朋不要比，儿孙琐事由它去，吃苦享乐在一起，神仙羡慕好伴侣！

夕阳如金，皎月如银，世界如此美丽，人生的幸福和快乐尚且享受不尽，哪里还有时间去气呢？

不要自寻烦恼

一个烦恼少年四处寻找解脱烦恼之法。

这一天，他来到一个山脚下。只见一片绿草丛中，一位牧童骑在牛背上，吹着悠扬横笛，逍遥自在。

烦恼少年看到了很奇怪他为什么那样的高兴，走上前去询问：

"你能教给我解脱烦恼之法吗？"

"解脱烦恼？嘻嘻！你学我吧，骑在牛背上，笛子一吹，什么烦恼也没有。"牧童说。

烦恼少年试了一下，没什么改变，他还是不快乐。

于是他又继续寻找。走啊走啊，不觉来到一条河边。岸上垂柳成荫，一位老翁坐在柳荫下，手持一根钓竿，正在垂钓。他神情怡然，自得其乐。

烦恼少年又走上前问老翁：

"请问老翁，您能赐我解脱烦恼的方法吗？"

老翁看了一眼面前忧郁的少年，慢声慢气地说："来吧，孩子，跟我一起钓鱼，保管你没有烦恼。"

烦恼少年试了试，不灵。

于是，他又继续寻找。不久，他路遇两位在路边石板上下棋的老人，他们怡然自得，烦恼少年又走上去寻求解脱之法。

"喔，可怜的孩子，你继续向前走吧，前面有一座方寸山，山上有一个灵台洞，洞内有一位老人，他会教给你解脱之法的。"老人一边说，一边下着棋。

烦恼少年谢过下棋老者，继续向前走。到了方寸山灵台洞，果然见一长髯老者独坐其中。烦恼少年长揖一礼，向老人说明来意。

老人微笑着摸摸长髯，问道："这么说你是来寻求解脱的？"

"对对对！恳请前辈不吝赐教，指点迷津。"烦恼少年说。

老人答道："请回答我的提问。有谁捆住你了么？"

"……没有。"烦恼少年先是愕然，而后回答。

"既然没有人捆住你，又谈何解脱呢？"老人说完，摸着长髯，大笑而去。

烦恼少年愣了一下，想了想，有些明白了：是啊！又没有任何人捆住了我，我又何须寻找解脱之法呢？我这不是自寻烦恼，自己捆住自己了吗？

少年正欲转身离去，忽然面前成了一片汪洋，一叶小舟在他面前荡漾。

少年急忙上了小船，可是船上只有双浆，没有渡工。

"谁来渡我？"少年茫然四顾，大声呼喊着。

"请君自渡！"老人在水面上一闪，飘然而去。

少年听此棒喝，若有所悟，欢笑而去。

人的喜、怒、哀、乐等，外因只是引导，决定还在内心，所以许多烦恼都是自寻的烦恼，而驱除之法也在我们自己身上。解决的秘决就是养成一种超然的态度，心态放平，将惹烦恼的诱因看作毫不在意的事情，烦恼自然随风而逝。

快乐是很容易获得的

韦佳的父亲失业后，全家靠吃市场上便宜卖的陈谷米过活。

一天，韦佳在一个商场的柜台内看到了一只金色的小发卡，顿时，她便发疯似地迷上了它。韦佳赶紧跑回家去央求妈妈给一元钱。

母亲叹了口气："一元钱能买五斤陈谷米呢。"但父亲说："给她钱吧，要知道这么便宜的价格就能为孩子买到的快乐，今后是不会再碰上的。"那时，韦佳就明白，这一元钱所能买到的是比金子还贵重的快乐。

有一个男孩子很少笑，整天闷闷不乐的。问他为什么，他自己也说不清，就是感觉不到快乐。

一次父亲带他去赶集，走在路上时把钱包丢失了。由于走的是一条小路，行人稀少，于是就回头去找，希望还没被人捡走。找着，找着……忽然男孩兴奋的喊道："在这里，在这里！"看到他兴奋的样子，父亲微微一笑，说：

"你为什么高兴？"

"因为我找到了钱包呀！"男孩回答。

"我们丢掉钱包之前和找到钱包之后有什么区别吗？你居然这么高兴？"父亲接着问。

"没有呀，但是……"男孩不知该如何回答。

"失而复得会让你喜悦，但丢失之前并没有比现在少什么，那你以前为什么不快乐呢？"快乐与身外之物无关，只要我们有一颗快乐的心，从此，这个男孩每天都欢笑不断。

生活中不是缺少美，而是我们的眼睛缺少发现。每个人的生活中都拥有许多的快乐，只是自己往往忽略了它的存在。金钱的确能给人带来富足的生活，但它不是我们生命中最重要的东西。富有富的烦恼，贫有贫的乐趣，只要你有一颗快乐的心，快乐有好多时候是花很少的钱，甚至不花钱就可以得到的。

适可而止莫贪图

一次，一个猎人捕获了一只能说70种语言的鸟。

"放了我，"这只鸟说，"我将给你三条忠告。"

"先告诉我，"猎人回答道，"我发誓我会放了你。"

"第一条忠告是，"鸟说道，"做事后不要懊悔；第二条忠告是：如果有人告诉你一件事，你自己认为是不可能的就别相信；第三条忠告是：当你爬不上去时，别费力去爬。"然后鸟对猎人说："该放我走了吧。"猎人依言将鸟放了。

这只鸟飞起后落在一棵大树上，又向猎人大声喊道："你真愚蠢。你放了我，但你并不知道在我的嘴中有一颗价值连城的大珍珠。正是这颗珍珠使我这样聪明。"

这个猎人很想再捕获这只放飞的鸟。他跑到树跟前并开始爬树。但是当他爬到一半的时候，他掉了下来并摔断了双腿。

鸟嘲笑他并向他喊道："笨蛋！我刚才告诉你的忠告你全忘记了。我告诉你一旦做了一件事情就别后悔，而你却后悔放了我。我告诉你如果有人对你讲你认为是不可能的事，就别相信，而你却相信像我这样一只小鸟的嘴中会有一颗很大的珍珠。我告诉你如果你爬不上去，就别强迫自己去爬，而你却追赶我并试图爬上这棵大树，结果掉下去摔断了双腿。这个箴言说的就是你：'对聪明人来说，一次教训比蠢人受一百次鞭挞还深刻。'"说完，鸟飞走了。

人因贪婪常常会犯傻，什么蠢事也会干出来。所以任何时候要有自己的主见和辨别是非的能力，不要被假现象所迷惑。

贪婪是一种顽疾，人们极易成为它的奴隶，变得越来越贪婪。人的欲念无止境，已经得到不少之后，仍指望得到更多。一个贪求厚利、永不知足的人，等于是在愚弄自己。贪婪是一切罪恶之源。贪婪能令人忘却一切，甚至自己的人格。贪婪令人丧失理智，做出愚昧不堪的行为。因此，我们真正应当采取的态度是：远离贪婪，适可而止，知足者常乐。

知足是寻求快乐的法宝

一位美国老师曾给他的学生讲过一件令其终生难忘的事情。"我曾是个多虑的人，"他说道，"但是，1934年的春天，我走过韦布城的西多提街道，有个景象扫除了我所有的忧虑。事情的发生只有十几秒钟，但就在那一刹那，我对生命意义的了解，比在前10年中所学的还多。那两年，我在韦布城开了家杂货店，由于经营不善，不仅花掉所有的积蓄，还负债累累，估计得花7年的时间偿还。我刚在星期六结束营业，准备到'商矿银行'贷款，好到堪萨斯城找一份工作。我像一只斗败的公鸡，没有了信心和斗志。

突然间，有个人从街的另一头过来。那人没有双腿，坐在一块安装着溜冰鞋滑轮的小木板上，两手各用木棍撑着向前行进。他横过道，微微提起小木板准备登上路边的人行道。就在那几秒钟，我们的视线相遇，只见他坦然一笑，很有精神地向我呼：'早安，先生，今天天气真好啊!'我望着他,突然体会到自己何等的富有。我有双足,可以行走,实在比他幸福的多?这个人缺了双腿仍能快乐自信,我这个四肢健全的人还有什么不能的?我挺了挺胸膛,本来准备到'商矿银行'只借100元,现在却决定借200元;本想说我到堪萨斯城想找份工作,现在却有信心地宣称:我到堪萨斯城去找一份工作。结果,我借了钱,找到了工作。

"现在,我把下面一段话写在洗手间的镜面上,每天早上刮胡子的时候都念它一遍:我闷闷不乐,因为我少了一双鞋,直到我在街上,见到有人缺了两条腿。"

人的一生总会遇到各种各样的不幸,但快乐的人却不会将这些装在心里,他们没有忧虑。所以,快乐是什么?快乐就是珍惜已拥有的一切。如果你想生活得快乐,那么就学会知足吧!只有知足,才是寻求快乐的唯一法宝。

快乐是内心的富足

在东方的一个国度里,有一对贫穷而善良的兄弟,他们靠每天上山砍柴过着艰辛的日子。一天,兄弟二人在山上砍柴时,正好遇见一只老虎在追咬一个老人。兄弟俩奋不顾身地与老虎搏斗,终于从老虎口中救下那位须发皆白的老人。而这位老人是一位狐仙,他念及兄弟俩的善良和勇敢,于是许愿帮助他二人得到快乐,并让他们每人选择一样物品,作为送给他们的礼物。

哥哥因为穷怕了,想要有永远用不完的金银财宝,于是,狐仙送给他一个点石成金的手指,任何东西,只要他用这手指轻轻一触,就会立即变成金子。哥哥如愿以偿地成了富人,买了房子置了地,娶妻生子,过着十分富有的生活。遗憾的是，金手指也成了他的一个负担。因为，只要他稍一不小心，他眼前的人和物就会在瞬间变成冷冰冰的、没有生命的金子。朋友们也都对他敬而远之，家人们更是小心翼翼地防着他。守着取之不尽、用之不完的钱财，哥哥却难以说自己是快乐的。

弟弟是一个单纯的人，他希望自己一辈子快快乐乐。于是，老狐仙给了他一个哨子，并告诉他：无论什么时候，无论遇到什么事情，只要轻轻地吹一吹哨子，他就会变得快乐起来。弟弟还是像以前一样，过着艰苦的生活，仍然需要与各种艰难困苦进行抗争，仍然需要靠辛勤的劳动获取温饱。但是，每当他感到一些不如意时，他就取出那只哨子，那动听的声音，就像一缕缕和煦的阳光，像一阵阵温暖的春风，驱走了他的忧伤和愁苦，给他带来快乐。

要想活得轻松一些，就要凡事豁达一点，洒脱一点，不必把一点点小惠小利看得过重，而要达到这种超脱境界，关键是寻求心灵的满足。如果一心只想着个人享乐，贪恋钱欲、官欲，便无异于作茧自缚，不仅自己活得疲惫不堪，还会危害他人。

快乐若来自于物欲的满足，是短暂而不幸的，物欲没有止境，为了无休止的满足它，人生就会忙碌不止，永无宁日，而来自于心灵的快乐，虽然宁静、恬淡、平和，但却是永久而幸福的。

幸福由自己决定

有一年寒冬，一个财主的公子和一个非常柔美贤淑的女子完婚了。新婚没有几日，这公子就觉得夫妻生活很是乏味，要休妻。老财主不准，公子就和妻子常常打闹。一日晚饭后，公子打完了妻子又把室内的家什砸了一堆，长啸一声悲怆地说："我的命好苦啊！"妻子将身子委顿在墙角里伤心地饮泣。此时，他俩便成了这个世界上不幸的人。

同在这时，一个衣衫褴褛饥肠辘辘的乞丐悄悄走到财主的马棚里。乞丐偷吃了喂马的豆饼，肚子不饿了；用马粪把自己的身体堆起来，身上也不冷了。还感到头上有些凉风，就把旁边一个给牲口喂食的瓢扣在头上，于是头上的冷风也没有了。乞丐觉得自己此时是天底下最幸福的人，悠悠然唱起了小曲儿。最后竟然慨叹："我身披马粪头戴瓢，丢下那些穷哥们可怎么着？"财主的公子生活富足却自觉不幸，乞丐不饥不寒就觉得满足，可见幸福与财富多少无关。

人的幸福，是人们对它的理解和感觉所赋予的。其实，幸福的感觉只由自己决定。

有一对国企职工下岗，在早市上摆个小摊，靠微薄的收入维持全家人的生活。他们没有了从前让人羡慕的的工作，也没有了叫别人衣食无忧的工资、奖金，但他们依然生活得幸福。夫妻俩过去跳舞，现在没钱进舞厅，就在自己家里转悠起来。

男的喜欢钓鱼，女的喜欢养花。下岗后，依然能看到男的扛着钓鱼杆去钓鱼，他们家阳台上花儿依然鲜艳夺目。一天记者去采访，男的说："我们虽然无法改变目前现状，但我们可以改变我们的心态，虽然下岗了，但生活是否幸福还是我们说了算的"，女的说："我们没有了工作，再也不能没有快乐，如果连快乐都丢了，活着还有什么意义？"

是的，幸福与否完全取决于自己的心态，想幸福，随时都可以幸福，没有谁能够阻挡自己。人生的幸福在哪里？当一个人认为自己很不幸、很可怜，让痛苦爬满额头，他的生活就会真的很痛苦，如果他相信自己快乐，并且快乐无比地生活，那么他的生活也会真的快乐幸福无比。

人生如吃饭

马克去向一位智者请教一些关于人生的问题。

智者告诉马克："人生其实很简单，就跟吃饭一样，把吃饭的问题搞明白了，也就把所有的问题都搞明白了。"

马克一时没有转过弯儿："人生像吃饭这么简单？"

智者不紧不慢地说："就这么简单，只不过用嘴吃饭人人都无师自通，用心吃饭则有一定难度，即使名师指点也未必有几个能学得会。

"聪明者为自己吃饭，愚昧者为别人吃饭；聪明者把吃饭当吃饭，愚昧者把吃饭当表演；聪明者在外面吃饭时喜欢 AA 制，愚昧者却喜欢呼朋唤友抢着付账；聪明者吃饭既不点得太多，也不点得太少，他知道适可而止，能吃多少，就点多少，他能估计来自己的肚子；愚昧者则贪多求全、拼命点菜，什么菜贵点什么，什么菜怪点什么，等菜端上来时又忙着给人夹菜，自己却刚动几筷子就放下了。"

"他们要么就是高估了自己的胃口，要么就是为了给别人做个'吃相文雅'的姿态；聪明者付账时心安理得，只掏自己的一份；愚昧者结账时心惊肉跳，明明账单上的数字让他心里割肉般疼痛，却还装出面不改色心不跳的英雄气概，宛然他是大家的衣食父母似的；聪明者只为吃饭而来，没有别的动机，他既不想讨好谁，也不会得罪谁；愚昧者却思虑重重，又想拼酒量，又想交朋友，又想拉业务，他本来想获得众人的艳羡，最后却南辕北辙、弄巧成拙，不是招致别人的耻笑，就是引来别人的利用。吃饭本是一种享受，但是到了他这里，却成为一种酷刑。"

"吃饭跟人生何其相似！人生在世，光怪陆离的东西实在太多，谁也无法说出哪些是好的，哪些是不好的，哪些值得追求，哪些不值得追

第十二章 人生就是要活得快乐

221

求，哪种模式算是成功，哪种模式算是失败，唯一能说明白的也许只有三点：第一，自己的事情自己承担，不要麻烦任何人为你代劳，也不要抢着为任何人代劳；第二，要多照顾自己的情绪，少顾忌他人的眼色，太多顾忌别人，把自己弄得像个演员似的，实在是一件出力不讨好的事情；第三，凡事最好量需而行、量力而行，不要订太高的目标。就像吃饭，你有多大胃口、你有多少钱，就点多少菜，千万不要贪多求全。"

为自己而活

有一天，上帝创造了三个人。他问第一个人："到了人世间你准备怎样度过自己的一生？"第一个人想了想，回答说："我要充分利用生命去创造。"

上帝又问第二个人："到了人世间，你准备怎样度过你的一生？"第二个人想了想，回答说："我要充分利用生命去享受。"

上帝又问第三个人："到了人世间，你准备怎样度过你的一生？"第三个人想了想，回答说："我既要创造人生又要享受人生。"

上帝给第一个人打了50分，给第二个人打了50分，给第三个人打了100分，他认为第三个人才是最完美的人，他甚至决定多生产一些"第三个"这样的人。

第一个人来到人世间，表现出了不平常的奉献感和拯救感。他为许许多多的人做出了许许多多的贡献。对自己帮助过的人，他从无所求。他为真理而奋斗，屡遭误解也毫无怨言。慢慢地，他成了德高望重的人，他的善行被人广为传颂，他的名字被人们默默敬仰。他离开人间，所有人都依依不舍，人们从四面八方赶来为他送行。直至若干年后，他还一直被人们深深怀念着。

第二个人来到人世间，表现出了不平常的占有欲和破坏欲。为了达到目的他不择手段，甚至无恶不作。慢慢地，他拥有了无数的财富，生活奢华，一掷千金，妻妾成群。后来，他因作恶太多而得到了应有的惩罚。正义之剑把他驱逐人间的时候，他得到是鄙视和唾骂。若干年后，他还一直被人们深深痛恨着。

第三个人来到人世间，没有任何不平常的表现。他建立了自己的家庭，过着忙碌而充实的生活。若干年后，没有人记得他的生存。

人类为第一个人打了 100 分，为第二个人打了 0 分，为第三个人打了 50 分。

单纯说来，人似乎只可以划分为这三种人。上帝的打分和人类的打分存在着天差地别，最好的解释就是：人要自己活着，而不是为上帝而活。

大多数的人都属于第三类的人，虽然没有死后荣名，无声无息地湮没于历史长河中，但是在世上的日子有苦有乐，有辛有悲，会为未来努力，又懂得享受幸福，他们既创造人生又享受人生，他们只为自己而活，这才是完美的人生，如此，即使死后只有一抔黄土，也无愧人世上一遭。

第十二章 人生就是要活得快乐